I0052305

BIBLIOTHÈQUE DU « *PROGRÈS AGRICOLE* »

ADAPTATION ET RECONSTITUTION

EN TERRAINS CALCAIRES

———

COMMUNICATION FAITE A LA SOCIÉTÉ DES AGRICULTEURS DE FRANCE

Dans sa session générale de 1896

PAR

PROSPER GERVAIS

MEMBRE DU CONSEIL DE LA SOCIÉTÉ DES AGRICULTEURS DE FRANCE

———

Prix : 3 fr. — Franco, 3 fr. 50

※✦❀✦❀✦※

MONTPELLIER
CAMILLE COULET, LIBRAIRE-ÉDITEUR
LIBRAIRE DE L'UNIVERSITÉ
5, GRAND'RUE, 5
PARIS
GEORGES MASSON, LIBRAIRE-ÉDITEUR
120, boulevard Saint-Germain

1896

ADAPTATION ET RECONSTITUTION

EN

TERRAINS CALCAIRES

BIBLIOTHÈQUE DU « *PROGRES AGRICOLE ET VITICOLE* »

ADAPTATION ET RECONSTITUTION

EN TERRAINS CALCAIRES

COMMUNICATION FAITE A LA SOCIÉTÉ DES AGRICULTEURS DE FRANCE

Dans sa session générale de 1896

PAR

PROSPER GERVAIS

MEMBRE DU CONSEIL DE LA SOCIÉTÉ DES AGRICULTEURS DE FRANCE

Prix : 3 fr.— Franco, 3 fr. 50

MONTPELLIER

CAMILLE COULET, LIBRAIRE-ÉDITEUR

LIBRAIRE DE L'UNIVERSITÉ

5, GRAND'RUE, 5

PARIS

GEORGES MASSON, LIBRAIRE-ÉDITEUR

120, boulevard Saint-Germain

1896

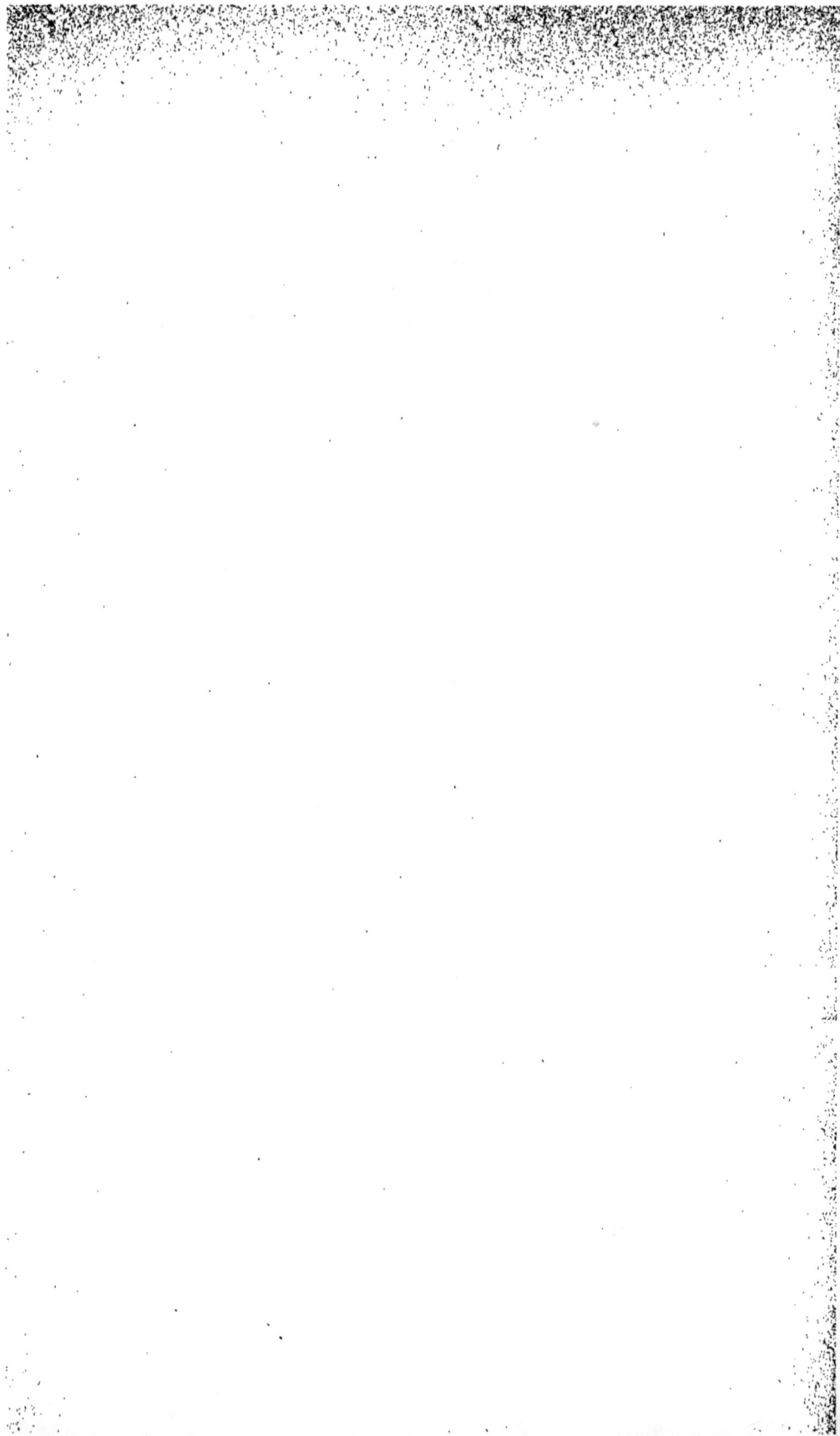

INTRODUCTION

La reconstitution des terrains calcaires à l'aide des cépages américains est encore à l'orde du jour. Ni le Congrès viticole de Montpellier, ni celui de Lyon, où cette question a, cependant, tenu une grande place, n'ont apporté la solution si ardemment cherchée d'une part, si anxieusement attendue, désirée de l'autre. Depuis, les divergences de vues se sont accrues encore, s'il est possible, qui divisent ceux dont les remarquables travaux, les infatigables recherches, ont la noble ambition de résoudre le difficile problème. Les querelles d'École ont paru s'accentuer, chacun demeurant irréductible sur les positions qu'il a faites siennes, sans chercher, semble-t-il, dans les faits, qui sont nos maîtres à tous, les leçons de choses où réside la vérité. On s'accorde, néanmoins, à reconnaître que la question est mûre : seulement, les uns déclarent que la solution est avec et par les hybrides, les autres affirment qu'elle est en dehors d'eux et sans eux. Lesquels ont raison? Comment est né cet antagonisme? Quelles expériences ont été, de part et d'autre, poursuivies? Quels résultats ont-elles donnés? La chlorose de la vigne, triste apanage des sols calcaires, a-t-elle été victorieusement combattue? De tous les plants nouveaux étudiés avec soin, et mis à l'essai aussi bien au Nord qu'au Midi, à l'Est qu'à l'Ouest, en est-il qui soient réellement résistants à la chlorose? En est-il qui soient, en même temps, résistants au phylloxera, assez pour autoriser, en toute confiance, la replantation des terres réputées ou reconnues réfractaires aux espèces américaines employées communément jusqu'à ce jour? S'il en est, quelles règles faut-il suivre pour préparer, organiser, mener à bonne fin cette reconstitution?

Telles sont les questions que cette étude se propose d'élucider : dégagé de tout esprit de coterie, de tout parti-pris d'École, notre seul souci sera de rechercher, avec impartialité, les solutions que comportent, avec une si encourageante netteté, les faits pratiques dont nous sommes les témoins.

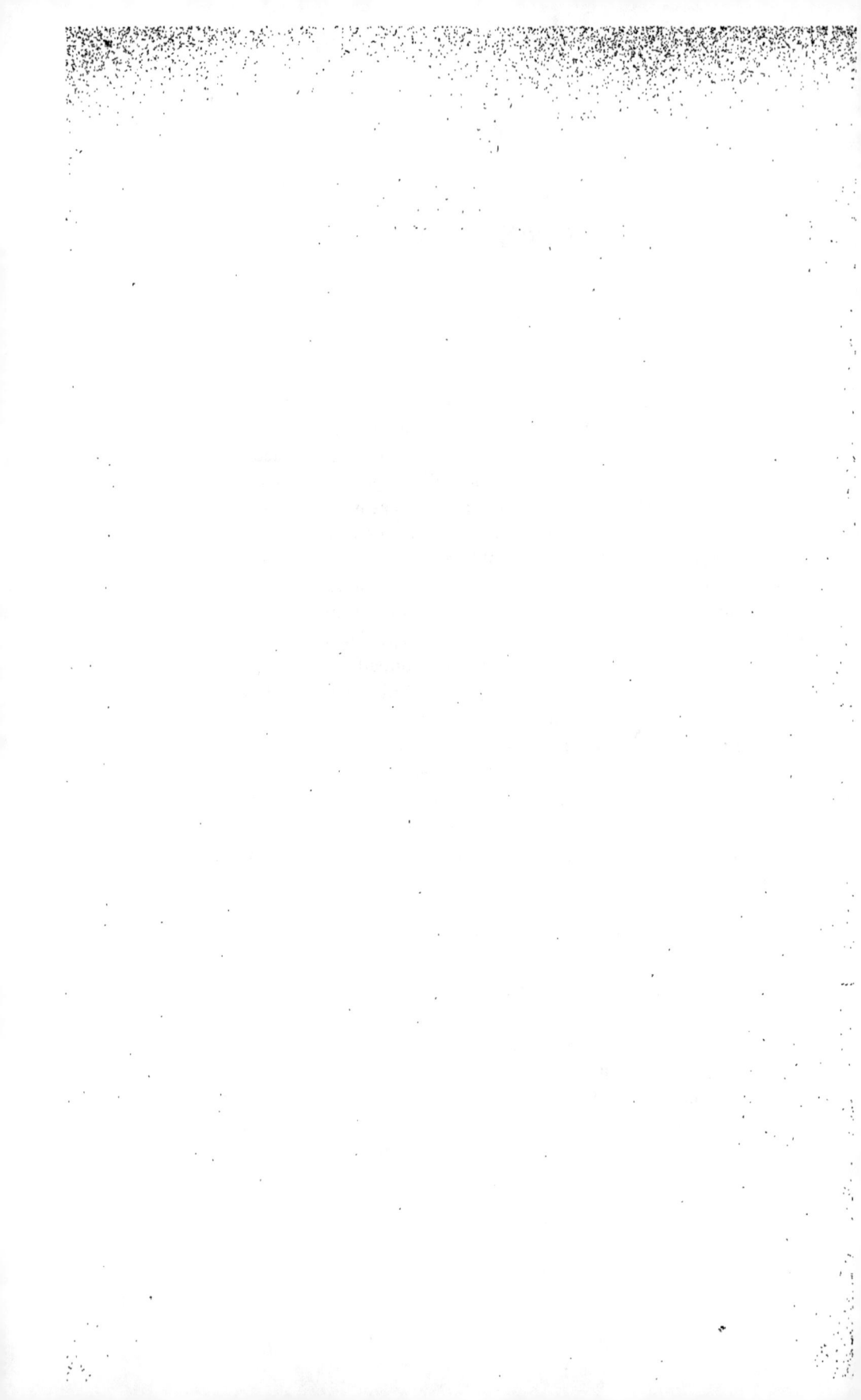

ADAPTATION ET RECONSTITUTION

TERRAINS CALCAIRES

CHAPITRE PREMIER

Le champ d'expériences des Causses, à Lattes (Hérault)

C'est au département de l'Hérault que revient l'honneur des premières reconstitutions américaines. C'est à sa «Société centrale d'agriculture» qu'est due la découverte du phylloxera, l'indication des moyens utiles pour le combattre, la recherche et l'introduction en France des cépages du Nouveau Monde propres à renouveler le vignoble, à l'asseoir sur des bases nouvelles et indestructibles. Au début, tout parut bon pour cette œuvre de salut: *Concord, Cunningham, Clinton, Taylor,* furent tour à tour mis à l'essai et propagés jusqu'au moment où l'on découvrit le *Riparia.* Dès lors, ce fut comme un engouement. Tout le monde planta ou voulut planter ; les bas de laine se vidèrent, les coffres-forts s'ouvrirent tout grands; en peu d'années, le vignoble de l'Hérault renaquit de ses cendres, — les modestes travailleurs des villages, tous petits propriétaires, imitant sans hésiter, sans discuter, l'exemple venu de plus haut — de telle sorte qu'en évoquant par la pensée le grand mouvement de cette époque, on se demande ce qu'il faut le plus admirer, ou de l'audace et de la témérité de ceux qui ouvrirent la voie, ou de l'inébranlable confiance de ceux qui les écoutèrent et les suivirent.

Malheureusement, le *Riparia* ne donna pas partout les mêmes résultats. Des insuccès retentissants éclatèrent dans l'Hérault d'abord, puis dans l'Aude et dans les autres régions où, peu à peu et sous la pression du phylloxera, des essais de reconstitution avaient été entrepris : c'est ainsi que se posèrent et naquirent les redoutables questions de l'adaptation et de la chlorose, dont la solution intervient à peine aujourd'hui. Elles sont trop connues à présent pour qu'il soit nécessaire de les étudier ici en détail. Je me borne à renvoyer aux publications si précieuses, parues au cours de ces dernières années, — notamment à celles de M. Félix Sahut et du Dr Despetis, aux conférences si instructives de M. Couderc à Mâcon, Chambéry et Beaune, au livre de MM. Viala et Ravaz «*Adaptation*», à celui du savant professeur de Saône-et-Loire, M. Bernard, «*le Calcaire*», enfin à la série d'études de M. Millardet sur les vignes américaines, — ceux qui désireraient les examiner à nouveau.

C'est dans les terrains calcaires, où les vignes indigènes paraissaient, avant le phylloxera, se plaire de préférence, que les vignes américaines se montrèrent le plus réfractaires. Aux environs de Montpellier, des plantations, faites dans la hâte et l'inconnu de la première heure, vivotaient misérablement et ne tardaient pas à disparaître. M. Félix Sahut, président de la «Société d'horticulture de l'Hérault», constatait au Congrès de Toulouse, en 1887, ces nombreux échecs ; il signalait entre autres qu'à Lattes, dans un sol formé par les alluvions du Lez et constitué de 24 à 25 o/o de silice, 25 à 26 o/o d'argile, 50 à 52 o/o de calcaire, les Riparias jaunissaient une fois greffés, et les Jacquez eux-mêmes ne vivaient pas longtemps.

C'est dans ces conditions que je fus amené, en 1890, à constituer à Lattes un champ d'expériences destiné, dans ma pensée, à démontrer quels devaient être, parmi les nouveaux cépages dont on commençait à parler de divers côtés, ceux qui permettraient de replanter sans crainte ces terres difficiles, ennemies du Riparia et du Jacquez. A ce moment, M. Ravaz venait de publier son rapport au Comité de viticulture de Cognac et ne cachait pas les espérances que (dans les champs d'essais des Charentes) lui laissait concevoir la tenue des hybrides américains, récemment introduits ou créés.

Durant, en effet, que M. Pierre Viala accomplissait en Amérique ce voyage qui l'a rendu célèbre, d'où il devait rapporter, avec des notions précises sur certains cépages jusqu'alors peu ou pas connus, le germe des belles études qu'il a poursuivies depuis sur l'ensemble des maladies de la vigne, et en particulier des maladies cryptogamiques, — en France, des savants comme M. Millardet, de simples viticulteurs comme MM. Couderc, Ganzin, de Grasset et Castel déployaient toutes les ressources de leurs grandes intelligences, de leurs connaissances approfondies, de leur merveilleux esprit d'observation et de recherche, pour doter notre pays de cépages nouveaux, capables de remplacer les vignes américaines partout où celles-ci se montraient insuffisantes. Par de multiples et ingénieuses hybridations entre nos variétés indigènes et les espèces américaines les plus résistantes au phylloxera, ils s'efforçaient de créer de nouveaux types, doués de vertus spécia-les, empruntées à la fois à l'un et à l'autre de leurs parents. De ce labo-rieux mais fécond enfantement étaient nés des cépages tout récemment si-gnalés au public viticole (Congrès de Mâcon, 1887), dont l'attention, dé-sormais attirée sur eux, ne devait plus se détourner.

Ces hybrides, que l'on vantait déjà comme triomphants de la chlorose, se montreraient-ils, dans nos terres de l'Hérault, manifestement supérieurs aux Riparias, aux Jacquez, qui avaient fait jusque-là le fond, la base de la reconstitution ? A Lattes, les Riparias jaunissaient dès la première année de greffe, et les Jacquez, bien que plus résistants, jaunissaient aussi une fois greffés, ou végétaient mal. De mes premières investigations pourtant il était résulté ce fait qu'une certaine variété de Rupestris, encore peu con-nue ou peu étudiée, nourrissait de belles greffes, vertes et saines, en des points où des Riparias sélectionnés avaient dû être arrachés, morts de chlorose. Il y avait donc mieux à faire que de planter du Riparia ou du Jac-quez ?

La pièce de terre que j'entendais consacrer au champ d'expériences avait une contenance d'environ 3 hectares : son homogénéité me parais-sait répondre au but proposé. Elle venait d'être défoncée à l'aide d'une charrue à vapeur à une profondeur de 60 à 65 centimètres, — opération culturale très discutable en terrain calcaire, puisque le sous-sol ramené à la surface se trouvait mélangé au sol, dont il augmentait ainsi la teneur en carbonate de chaux, mais qui, à tout prendre, en rendant plus difficiles les conditions d'adaptation, devait rendre plus concluants les résultats ob-tenus.

D'autre part, je ne rêvais ni de recherches, ni d'expérimentations scien-tifiques. Je voulais tout simplement m'éclairer sur ce point, savoir si, dans ma région, certains hybrides américains se montreraient supérieurs aux Riparias ou aux Jacquez le plus communément employés jusqu'alors faute de mieux, s'ils auraient les mêmes facultés de reprise au bouturage et au greffage, de fructification, avec en plus une facilité d'adaptation qui faisait défaut à ceux-ci. Pour la résistance au phylloxera, je m'en rapportais, *a priori*, aux investigations si minutieuses, aux assurances des hybrideurs, convaincu, au surplus, qu'elle résulterait des faits mêmes et qu'elle s'affir-merait ou se démentirait à brève échéance. Je devais, dès lors, sous peine de m'exposer à porter un jugement peu équitable, placer ces hybrides dans les mêmes conditions de milieu, de soins culturaux que les cépages — Ri-parias, Jacquez, etc. — auxquels je désirais les comparer. Enfin, il me pa-raissait préférable, à l'encontre de ce qui se passe dans la plupart des champs d'expériences, de tenter un essai par grandes plantations compre-nant au moins 500 pieds de chaque variété.

On ne saurait contester que cette méthode fournisse bien plus rapide-ment que la culture de quelques pieds isolés des indications positives sur les points considérés comme essentiels en matière de reconstitution, savoir : facilité de reprise au bouturage, développement, facilité au greffage, affinité, fructification, résistance à la chlorose, et, j'ose le dire aussi, résistance au phylloxera. Comment connaître, par l'exemple de 3 ou 4 pieds, si un cépage reprend bien de bouture ? s'il accepte facilement le greffage ? si ses greffes végètent bien et fructifient normalement ? s'il a ou n'a pas d'affinité pour tel ou tel greffon ? s'il craint ou ne craint pas la chlorose, et dans quelles proportions ? Qu'il me soit permis d'insister sur ce point particulier. Beaucoup de terrains calcaires sont peu homogènes ; la teneur en calcaire, sa ténuité, son degré d'assimilabilité, l'état d'humidité ou de saturation du sol, toutes causes déterminantes de la chlorose, varient, dans une même terre, très rapidement. Comment apprécier nettement le degré de résistance d'un cépage qui, limité à quelques pieds seulement, peut se trouver placé en un endroit peu chlorosant ou au contraire extrêmement chlorosant ? Il n'en est pas de même avec des carrés entiers d'un même cépage. Une simple inspection suffit pour mesurer sa résistance à la chlorose ; et, pourvu que l'on ait pris le soin de faire analyser le sol avec attention, on peut pronostiquer presque à coup sûr de sa tenue en tout terrain analogue. Au point de vue de la résistance au phylloxera, les constatations d'ensemble y sont aussi sûres que celles faites sur quelques pieds isolés, et la présence ou l'absence de dépressions phylloxériques — lesquelles se manifestent assez vite en terrain phylloxéré — autorisent des conclusions *pratiques* se rapprochant sensiblement de la vérité. Ce n'est pas, certes, que je prétende le moins du monde critiquer les autres champs d'expériences ; je veux seulement marquer qu'ici et là le but poursuivi n'était pas identiquement le même : ailleurs, on recherche le plus souvent des solutions théoriques ou scientifiques ; à Lattes, on n'avait en vue que des indications *pratiques* ; et, à proprement parler, moins un champ d'expériences *qu'un champ de démonstration*.

Telles sont les considérations générales qui présidèrent à son établissement. En même temps, je réalisais la plantation des terres voisines, — préalablement défoncées de la même manière, par la charrue à vapeur, à 60 ou 65 centimètres, — avec les plants américains les plus usités dans le pays : *Riparia, Taylor, Jacquez* et *Solonis*. Ces terres, d'une composition physique et chimique analogue, représentaient une surface d'environ 15 hectares ; elles enserraient de tous côtés pour ainsi dire le champ d'expériences, ce qui rendait aisée la comparaison entre eux de tous les cépages plantés, hybrides ou autres : dans l'avenir, ils devaient tous être traités sur le même pied d'égalité absolue : même greffage, mêmes soins culturaux annuels, mêmes fumures. N'y aurait-il pas eu quelque injustice, en effet, à priver d'engrais les vignes du champ d'expériences quand les autres en auraient été abondamment pourvues ? Et comment, avec un traitement différent, établir, notamment au point de vue de la fructification, des points de comparaison équitables et certains ?

Le champ d'expériences est situé à 6 kilomètres de Montpellier, dans la plaine de Lattes, en un point où la chlorose se manifeste avec une certaine intensité. Dans le voisinage, quelques vignes sur Riparias ou Jacquez ont dû être arrachées ; d'autres y prospèrent assez bien ; il n'en est pas qui soient ou qui aient été exemptes de chlorose. Le sol est constitué par les alluvions quaternaires de deux rivières : le *Lez* et la *Lironde*, qui prennent leur source au nord et au nord-est de Montpellier. Il est d'aspect grisâtre, fertile, profond, se ressuyant mal à raison du défaut d'écoulement des eaux, que le peu de pente du terrain et la proximité des étangs contraignent à demeurer dans le sous-sol ou dans les fossés. Il convient d'ajouter que le voisinage de prairies naturelles, arrosées à diverses reprises pendant l'été, entretient une certaine humidité. C'est donc un sol plutôt frais, et il faut des périodes de sécheresse anormale pour que la vigne ait à souffrir de ce chef. Voici, par rang de date, les analyses qui en ont été faites, d'après des prélèvements effectués dans les diverses couches du sol, depuis 25 jusqu'à 65 centimètres, l'échantillon analysé représentant, par suite, la composition d'ensemble du sol et du sous-sol :

1° *Syndicat agricole de Montpellier et du Languedoc*

Laboratoire de chimie (5 octobre 1892)

Analyse physique :	Gros cailloux................	0,63 o/o
	Gravier	0,51 —
	Sable fin	28,80 —
	Argile (coagulable) 3,60 o/o.	} 57,40 —
	Calcaire......... 53,80 —.	
	Eau	11,10 —
Analyse chimique :	Azote......................	0,068 —
	Acide phosphorique.........	0,082 —
	Potasse....................	0,030 —
	Magnésie..................	0,056 —
	Chaux	30,500 —
	Carbonate de chaux (d'après la chaux)	55,44 —

2° *Laboratoire de la Société des agriculteurs de France*

(4 janvier 1893)

Composition :	Azote......................	0,1166 o/o
	Acide phosphorique.........	0,0877 —
	Chaux	31,920 —
	Magnésie..................	0,125 —
	Potasse	0,1870 —
	Soude.....................	Traces.
	Oxyde de fer..............	1,200 —
	Acide sulfurique	0,020 —

Cailloux.....................	1,70	—
Sable siliceux...............	17,33	—
Argile	22,65	—
Calcaire....................	57,00	—
Matière organique...........	0,97	—
Humus......................	0,17	—
Eau	0,18	—

3° *Ecole d'agriculture de Montpellier*

Analyse faite par MM. Houdaille et Mazade, en vue de leur étude sur le *Rupestris du Lot*. (Voir: *Revue de Viticulture*, n° du 9 février 1895, p. 133).

(Date de la prise d'échantillon : 22 juin 1894)

Géologie : sol d'alluvions quaternaires du Lez.
Topographie : plaine.

Etat physique du sol	Sol	Sous-sol
Teneur en calcaire	59 o/o	61 o/o
Vitesse d'attaque	18,5 —	23,5 —
Rapport d'attaque...........	0,91 —	0,90 —
Humidité p. 100	16,34 —	17,87 —
Rapport de saturation	0,675 —	0,572 —

Caractères du sol. — Sol fertile, profond. Teneur en calcaire facilement attaquable, élevée, 60 o/o. Teneur en eau moyennement élevée, mais rapprochée du point de saturation, qui s'élève jusqu'à 0,675. Le drainage du sol, malgré la présence de quelques fossés, est assez défectueux à cause de sa compacité, condition qui augmente le pouvoir chlorosant.

Etat de la végétation. — Le *Riparia* se développe mal, greffé ou non, et ne peut donner que des produits insignifiants, par suite du pouvoir *chlorosant* élevé du sol. Certains points de ce vignoble, où la teneur en calcaire est beaucoup moins élevée, ne permettent pas d'obtenir des résultats satisfaisants avec ce porte-greffe. Le *Rupestris du Lot*, en vieux pieds non greffés, possède une grande vigueur; en jeune plantation, il présente souvent des manifestations chlorotiques de peu d'importance. Ce Rupestris greffé n'est pas très vigoureux, mais l'uniformité de la plantation est assez grande et son état général est satisfaisant. Ce terrain paraît posséder un *pouvoir chlorosant* que l'on peut considérer comme la *limite* à partir de laquelle cesse de se développer utilement le *Rupestris du Lot*.

4° Enfin, *analyses faites par M. Bernard*

Directeur de la Station agronomique de Saône-et-Loire, à Cluny.

Ces analyses, dues à l'extrême obligeance de M. Bernard, que je ne saurais assez remercier pour la peine qu'il a bien voulu prendre, pour le concours et l'aide désintéressés qu'il m'a fait le très grand honneur de m'apporter dans cette étude, — ces analyses constituent un travail d'ensemble qui embrasse toute l'étendue du champ d'expériences.

Elles comportent 243 échantillons, prélevés de 10 mètres en 10 mètres — d'are en are — et déterminent ainsi mathématiquement la teneur en carbonate de chaux de toutes les parties de la terre. M. Bernard a bien voulu dresser trois cartes calcimétriques, avec courbes d'égal calcaire, suivant la méthode dont il a, le premier, donné la formule, et qui lui a valu les éloges du monde savant, en même temps que la reconnaissance du monde agricole. La première est faite avec courbes de 4 en 4 o/o, c'est-à-dire en cinq couleurs ; la seconde, avec courbes de 5 en 5 o/o, c'est-à-dire en quatre couleurs ; la troisième, avec courbes de 10 en 10 o/o, soit en trois couleurs. La troisième *seule*, avec courbes de 10 en 10 o/o de calcaire, —soit en trois couleurs — a été jointe à cette étude. En la parcourant, il est facile de constater que, d'une manière générale, le sol est d'une assez grande homogénéité. La teneur en calcaire varie de 47 à 67 o/o, pour se tenir en moyenne, et le plus souvent, aux environs de 55 o/o. Ce résultat concorde bien avec ceux des analyses précédentes : seulement, il faut noter qu'ici le prélèvement des échantillons n'a pas été fait de la même façon : ils ont été uniformément pris à une trentaine de centimètres dans le sol, et ne sont plus, comme dans les autres analyses, la résultante d'un mélange de couches successives du sol et du sous-sol. Le temps eût manqué pour prélever ainsi 250 échantillons ; mais cela suffit à expliquer les différences, d'ailleurs bien peu sensibles, accusées par le travail de M. Bernard : sûrement, l'entraînement du carbonate de chaux dans le sous-sol aurait rendu certains échantillons plus riches en cette matière, si ceux-ci eussent été composés avec une partie de ce sous-sol.

Quoi qu'il en soit, la lecture de cette carte, surtout si on la rapproche du plan du champ d'expériences qui l'accompagne, permet de mesurer exactement, pour chaque variété de cépages, la teneur en calcaire du terrain sur lequel chacune de ces variétés est placée.

A l'origine, ce champ comprenait :

1° Un carré de *Gamay-Couderc*, N° *3103* (Colombeau ✕ Rupestris) de Couderc ;

2° Un carré de *1615* (Solonis ✕ Riparia) de Couderc ;

3° Un carré de *Rupestris du Lot* ;

4° Un carré de *1616* (Solonis ✕ Riparia) de Couderc ;

5° Un carré de *1202* (Mourvèdre ✕ Rupestris) de Couderc ;

6° Un carré de *3307* (Riparia ✕ Rupestris) de Couderc ;

7° Un carré de *601* (Bourrisquou ✕ Rupestris) de Couderc ;

8° Un carré de *603* (Bourrisquou ✕ Rupestris) de Couderc ;

9° Un carré de *1107* (Rupestris ✕ Yorks) de Couderc.

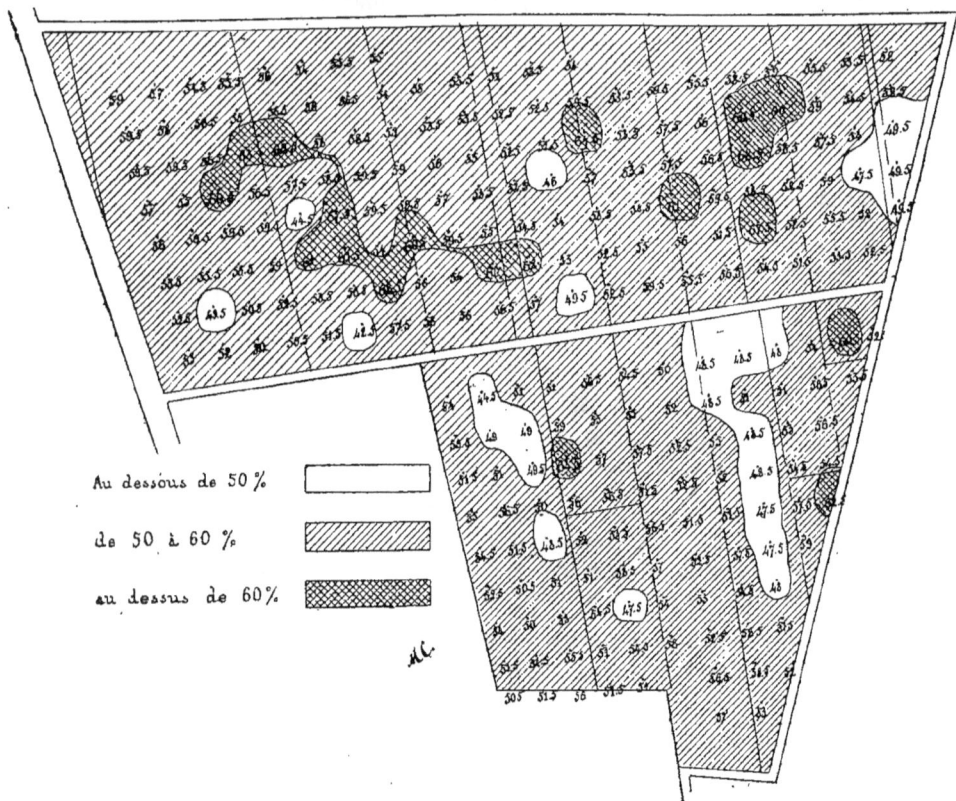

Carte calcimétrique.

Puis du côté opposé :

10° Un carré de *108* (Rupestris ✕ Riparia) en mélange, de Millardet ;

11° Un carré de *101* (Riparia ✕ Rupestris) en mélange, de Millardet ;

12° Un carré de *3306* (Riparia ✕ Rupestris) de Couderc ;

Enfin 13° Un carré d'*Aramon ✕ Rupestris* de Ganzin N^{os} *1 et 2*.

En tête de ce dernier carré, il avait été réservé un certain espace destiné à l'établissement d'un *Carré-école de porte-greffes*, dont il va être parlé.

Dès la première année, les *1107* (Rupestris ✕ Yorks) de Couderc et les *108* (Rupestris ✕ Riparia), en mélange, de Millardet, se chlorosèrent tellement, — quoique francs de pieds, —les premiers jusqu'au cottis — qu'ils furent arrachés l'année suivante et remplacés les *1107* par un carré de *Taylor-Narbonne*, les *108* ou du moins la presque totalité des *108* par un nouveau carré de *Rupestris du Lot*. A côté des *Taylor-Narbonne*, un espace fut laissé libre, qui a reçu, depuis, un certain nombre de plants de l'Ecole d'agriculture de Montpellier. A l'extrémité des *108* — et contre le nouveau carré des *Rupestris du Lot*, — il fut planté quelques hybrides de la collection de M. Millardet: les Nᵒˢ (*160, 139, 33, 141, 143*), — et quelques

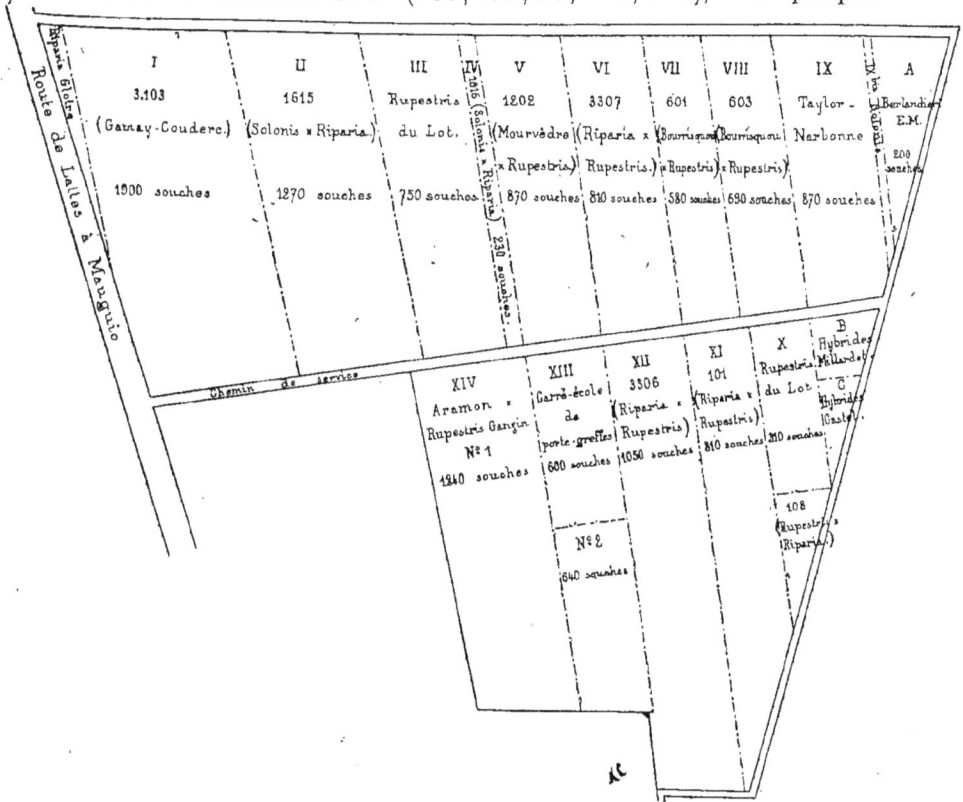

Carte des plantations.

numéros de la collection de M. Castel; enfin, quelques hybrides Terras et certains plants à l'étude qu'il serait sans intérêt d'énumérer ici.

Les expériences de grande culture ont donc finalement porté sur les cépages dont le plan ci-joint indique l'emplacement et le nombre, savoir: *3103* (Gamay-Couderc), 1.900 souches; — *1615* (Solonis $\times$ Riparia), 1.270 souches; — *Rupestris du Lot*, 750 souches; — *1616* (Solonis $\times$ Riparia), 230 souches; — *1202* (Mourvèdre $\times$ Rupestris), 870 souches; — *3307* (Riparia $\times$ Rupestris) 810 souches; — *601* (Bourrisquou $\times$ Rupestris), 580 souches; — *603* (Bourrisquou $\times$ Rupestris), 690 souches; — *Taylor-Narbonne*, 870 souches; — *101* (Riparia $\times$ Rupestris), 810 souches; — *3306* (Riparia $\times$ Rupestris), 1.050 souches; — *Aramon $\times$ Rupestris Nᵒ 1*, 1.240 souches; — *Aramon $\times$ Rupestris Nᵒ 2*, 640 souches.

Ces plants étaient, à cette époque, ceux que les premiers essais tentés

TABLEAU I. — CHAMP D'EXPERIENCES.

Nº du pied	NOMS ET NUMÉROS DES CÉPAGES	ANNÉE 1891	ANNÉE 1892	ANNÉE 1893	ANNÉE 1894	ANNÉE 1895	OBSERVATIONS
1	3108 (Colombeau×Rupestris-Martin). Gamay-Couderc.	Reprise au bouturage parfaite. Très vert. Note 9.	Partie greffée 70 à 75 o/o; réussite moyenne; vert; belle végétation. Note 9.	Greffage toujours difficile; rejets nombreux; vert; peu fruité; soudures bonnes. Note 8. — Quantité énorme de galles phyll. sur pieds non greffés.	Quelques pieds légèrement chlorosés au début, puis reverdissement; peu fruités. Note 7.	Vert, peu fruité; vieux pieds greffés en Carignan superbes. Note 7,5.	Le carré de 3108 du Grand Tamaris (1) greffé sur racinés planté en 1891, es magnifique, suffisamment fruité. Greffage y a été très réussi. Soudures parfaites Examen des racines : petites tubérosité en 1894 et 1895.
2 et 4	1615 (Solonis×Riparia) Glabre. 1616 Tomenteux	Excellente reprise au bouturage. Quelques pieds de 1107 mélangés par erreur sont à arracher. Assez vert. Note 7.	Excellente réussite au greffage : 92 à 95 o/o; mais chlorose manifeste. Note 5.	Nettement chlorosés ; malgré cela, fruités. Note 5.	Chlorose persistante, fruités. Note 5.	Chlorose générale, pas de rebourgissement; très fruités 30, 32, 35 raisins par souche. Note 5. — Taillés et badigeonnés et badigeonnés, procédé Rassiguier.	Insuffisant à Lattes, mais très fructifè res : vaut les meilleurs Riparias. Aucun différence appréciable entre 1615 et 1616 pourtant, 1616 serait peut-être plus v goureux.
3	Rupestris du Lot, provenance Richter.	Plantation en racinés	Reprise au greffage très bonne : 90 o/o, fin mars, début avril. Superbe végétation ; très verts.	Très verts, très belle végétation. Beaucoup de rejets. Note 8.	Pointes légèrement chlorosées, puis reverdies en juillet; peu fruités. Note 8.	Verts; végétation superbe, mais pas de fruits : à tailler à 7 ou 8 coursons. Note 7,5.	Demande évidemment une taille par culière. — Examen des racines en 189 et 1895 : nodosités.
5	1202 (Mourvèdre×Rupestris).	Reprise au bouturage parfaite. Grossissement rapide du tronc. Très verts. Note 9.	Greffage milieu avril. Réussite excellente : 92 à 95 o/o. Très verts, très vigoureux. Note 9.	Très verts; végétation magnifique. Assez fruités. Note 9.	Très verts; les plus beaux de tout le champ d'expériences. Carignans splendides, fruités. Note 10.	Très verts; végétation magnifique; peu fruités. Note 9,5.	Végétation plutôt exubérante; laisse des racines en 1894 et 1895 : pas de phyl loxera.
6	3307 (Riparia × Rupestris tomenteux (envoyé pour le nº 3310)	Reprise au bouturage excellente; quelques pointes chlorosées. Erreur dans envoi (c'est 3307 et non 3310). Note 6,5.	Greffage très bon : 90 o/o. Légèrement chlorosés. Note 6,5.	Chlorose persistante. Assez fruités. Note 6,5.	Nettement chlorosés. Assez fruités. Note 6.	Chlorose persiste, mais sans dépérissement; assez fruités. Note 5,5. — Taillés et badigeonnés nov. 1895, proc. Rassiguier.	Insuffisant; nettement inférieur au autres Riparia × Rupestris.
7	601 (Bourrisquou×Rupestris).	Très bonne reprise au bouturage, malgré petitesse des bois. (Très verts. Note 8.	Développement insuffisant pour greffer le tout. Insuccès; 80 o/o de réussite. Faible partie greffée verts. Note 8.	Greffage du reste, avril. Insuccès : 80 o/o de réussite. Verts. Note 8.	Quelques pieds très légèrement chlorosés en mai, puis verts. Regreffage meilleur Note 7,5.	Très verts; végétation satisfaisante. Vieux pieds greffés en Carignan : insuccès. Assez fruités. Note 7,5.	L'insuccès au greffage doit être attribu à ce que les bois étaient trop petits lo de la plantation, et par suite les yeu trop rapprochés : cela dépare le carr Choisir des boutures à mérithalles espa cés. Pour bien juger 601, comparer carré avec Carré-Ecole.
8	603 (Bourrisquou×Rupestris).	Mêmes notes et observations que pour 601. — Bois très petits.	Greffage d'une partie en avril. Succès médiocre. Verts, mais petite végétation. 7.	Greffage mieux réussi que sur 601. Un peu de fruit. Verts. Note 7,5.	Verts, mais sans grande végétation. Assez fruités. Note 7,5.	Quelques pointes chlorosées en mai, reverdies en juillet. Assez fruités. Note 7.	Mêmes observations que pour 601 Nécessité de comparer avec le Carré-Ecol Examen des racines en 1894 et 1895 Quelques rares nodosités.
9	Taylor-Narbonne du Dr Despetis, d'abord 1107 de Couderc.	Plantation en boutures de 1107 de Couderc. Chlorose intense. Arrachage en novembre.	Replantation en boutures de Taylor-Narbonne. Verts. Note 8.	Greffage très bon : 85 à 90 o/o. Très verts, très vigoureux. Note 8.	Verts; assez fruités. Note 8.	En mai, nuance de chlorose vite disparue Assez fruités. Note 8.	Excellent cépage pour les terres fra ches de Lattes; plus résistant à la chloro gos les Riparia × Rupestris, mais moi fruité qu'eux. — Examen des racines 1894-95 : nodosités.
9 bis	Rangée témoin de Solonis.	Plantation en racinés.	Greffage bon; chlorose légère. Note 5.	Chlorose persistante ; un peu fruité. Note 5.	Chlorosés; petite végétation. Note 4,5.	Chlorose manifeste. Assez fruités. 4,5.	Nettement insuffisant.
10	Rupestris du Lot, provenance Richter et Sijas, d'abord en 108. (Rupestris × Riparia de Millardet.	Plantation en boutures de 108 de Millardet. Chlorose et rabougrissement de quelques pieds. Arrachage en novembre.	Replantation en racinés de Rupestris du Lot.	Greffage excellent: 95 o/o Vert; très belle végétation. Note 8.	Quelques pieds greffés par erreur en Petits-Bouschets sont chlorosés. Le reste vert, peu fruité. Note 7,5.	Pieds de Petit-Bouschets développés et jaunes. Le reste très beau, mais pas de fruits. Note 7,5.	Mêmes observations que pour le carr nº 3. Pouvoir chlorosant du Petit-Bou chet très manifeste. Les quelques pie restant n'ont cessé de décliner et de rabougrir; arrachés en nov. 1895.
11	101 (Riparia × Rupestris) Millardet (glabre), en mélange.	Reprise au bouturage parfaite. Verts. Note 8.	Reprise au greffage excellente. Verts. Note 8, la plupart très belles, quelques-unes jaunes. Note 7,5.	Très belle végétation. Chlorose légère sur quelques pieds Mélange évident. A sélectionner. Fruités. Note 7,5.	Légère chlorose; reverdissement en juillet. Fruités. Note 7.	Chlorose légère, mais persistante. Très fruités. Note 7. — Taillés en novembre et badigeonnés procédé Rassiguier.	Serait parfait dans un terrain moins calcaire. 101bis, sélectionné en 1894, e bien supérieur aux autres formes.

(1) Le Grand Tamaris est une terre voisine, où ont été plantées quelques centaines de Gamay-Couderc.

N° de plant.	NOMS ET NUMÉROS DES CÉPAGES	ANNÉE 1891	ANNÉE 1892	ANNÉE 1893	ANNÉE 1894	ANNÉE 1895	OBSERVATIONS
12	3306 (Riparia × Rupestris) tomenteux, de Couderc.	Excellente reprise au bouturage. Verts. Note 8.	Reprise au greffage bonne: 85 o/o environ. Verts. Note 7,5.	Verts; belle végétation, soudures très bonnes. Fruités. Note 8.	Très légère chlorose, mais reverdissement rapide. Fruités. Note 7,5.	Chlorose générale, très légère, mais persistante. Fruités. Note 7. — Taillés en novembre et badigeonnés proc. Rossignier.	Excellent porte-greffe; mais, comme le 101, se trouve ici dans un sol trop calcaire.
13	Carré-École de porte-greffes.	Voir le détail Tableau II.					
14	Aramon × Rupestris Ganzin n° 1 et 2.	Très bonne reprise au bouturage, malheureusement, invasion de vers blancs: beaucoup de pieds dévorés. — Verts. Note 7.	Remplacement des pieds manquants par des racinés du n° I. Greffage du reste pas bon: 35 o/o environ, assez verts. Greffes sur n° 2 un peu jaunes. Note 6,5.	Greffage mieux réussi. Quelques pieds sur n° 1 légèrement chlorosés. Le reste très vert, bien développé. Assez fruité. Note 7.	Très verts, développement magnifique. Fruités. Note 8.	Très verts; végétation superbe; extrêmement fruités. Les plus beaux après les 1202. Note 9.	Le n° 1 est ici manifestement supérieur au n° 2. Les lourds Aramons sont réellement magnifiques.

Observation générale — 1202 tient incontestablement la tête, et de beaucoup; puis vient: (greffes de Petit-Bouschet immuablement verts); — ensuite encore: Taylor-Narbonne, très beau... Le reste serait à écarter comme insuffisant.

Aramon×Rupestris n° 1: — ensuite: 601, superbe dans le Carré-École, très résistant à la chlorose dans les terres fraiches de Lattes; 693, Rupestris du Lot, Gamay-Couderc; — enfin: 3309, 101⁵⁴ et 3306.

sur d'autres points avaient mis en évidence et qui, par conséquent, paraissaient le mieux désignés pour un essai comparatif de grande culture, tel qu'on le souhaitait à Lattes.

La plantation a eu lieu en 1891, au moyen de simples boutures, espacées de 1 mètre 50 en tous sens, suivant l'usage du pays, et le greffage a été pratiqué un an après, au printemps de 1892, en place et en fente pleine.

Tout au début de la reconstitution, on avait vivement préconisé la plantation à 2 mètres ou 1,75 au minimum d'écartement, sous la raison que les vignes américaines ayant une vigueur plus grande que les vignes indigènes avaient besoin d'un cube de terre plus considérable pour se développer. On n'a pas tardé à découvrir que, sur ce point comme sur beaucoup d'autres, la théorie était en désaccord formel avec la pratique, et l'on s'est empressé de revenir aux anciennes coutumes. Le greffon adopté fut l'Aramon: une seule rangée de souches, d'un bout à l'autre du champ d'expériences, parallèlement au chemin d'exploitation, fut greffée en Carignan. Je me réservais d'étudier, sur un autre point, les questions d'affinité.

L'année même de la plantation, des différences sensibles s'accusèrent entre ces divers plants : tandis que les 1615 et les 1616 se chlorosaient nettement, les 1202, les Gamay-Couderc se montraient particulièrement verts, d'une végétation luxuriante. Sur les 601 et sur les Aramon × Rupestris de Ganzin, un échec au greffage, encore inexpliqué, me donnait une impression moins favorable, que la tenue de ces deux cépages par la suite a totalement modifiée. Les Riparia × Rupestris 3306 et les Rupestris du Lot se signalaient, sinon par une verdeur absolue, du moins par une régularité et, pour les premiers, par une mise à fruit immédiate, qui étaient d'un excellent augure. Quant aux 101, la plupart étaient fort beaux, aussi beaux que les 3306, mais ils présentaient de grandes variations, provo-

nant des formes nombreuses comprises sous ce même n° 101. Des investigations répétées et minutieuses permirent d'isoler celle de ces formes qui s'était montrée très supérieure aux autres. Sélectionnée également, dès l'origine, par MM. Millardet et de Grasset, elle porte la dénomination spéciale de 101¹⁴.

Au lieu d'entrer, pour chacun des cépages essayés, dans des détails qu'il serait trop long et fatigant d'énumérer, nous avons préféré reproduire en un tableau (tableau n° 1) l'ensemble des observations auxquelles ils ont donné lieu, telles qu'elles résultent d'annotations prises chaque année sur les lieux mêmes et conservées avec soin. Tous les mois, de mai à octobre, chaque carré est examiné attentivement. Au fur et à mesure du développement de la végétation, on prend note du degré de résistance à la chlorose, de la force et de la vigueur des ceps, de la sortie des raisins, de la floraison, de la couleur, de la véraison, de la maturité, de l'importance de la récolte, enfin de l'aoûtement des bois. Chacune de ces choses est l'objet d'une remarque particulière, et l'ensemble des appréciations est formulé par une série de notes allant de 0 à 10, le maximum étant 10.

A ce champ d'expériences d'hybrides en grande culture, il a été joint, dès la première heure, un Carré-École de porte-greffes destiné à permettre l'étude non seulement de la résistance à la chlorose d'un certain nombre de vignes susceptibles, le cas échéant, d'être mises en parallèle avec les précédentes pour les plantations en grande culture, mais aussi, nous pouvons dire mais surtout, de l'affinité de ces porte-greffes avec les cépages les plus répandus de la région.

Ce Carré-École comprenait trente hybrides différents, appartenant tous à la collection de M. Couderc, dont l'extrême obligeance s'était prêtée à toutes les combinaisons. Chaque hybride était représenté par 20 pieds plantés en lignes parallèles et greffés en lignes perpendiculaires, savoir : 4 pieds en Petit-Bouschet, 4 pieds en Carignan et 10 pieds en Aramon, le pied de chaque extrémité du carré demeurant non greffé pour servir de témoin. Des trois Viniferas employés comme greffons, l'un, le *Petit-Bouschet*, est un greffon très chlorosant ; l'autre, le *Carignan*, est un des moins chlorosants qui soient, le troisième enfin, l'*Aramon*, cépage à grande production du Midi, moyennement chlorosant, a servi presque exclusivement à la reconstitution du vignoble de l'Hérault. Il était naturel qu'il eût la plus large part. Voici la composition de ce Carré-École de porte-greffes, avec, en regard, les annotations recueillies d'année en année. (*Voir, ci-derrière, le tableau II*)

On voit qu'ici, malgré les soins habituels, le défoncement, les fumures, etc., certains plants ont périclité presque immédiatement, certains (tels *5404, Jardin 1103, 3002*) ont dû être arrachés, et qu'en définitive bien peu valent la peine d'être conservés : aucune recherche particulière n'a été faite sur les plants du Carré-Ecole, relativement à la résistance phylloxérique, mais le fléchissement a été manifeste sur quelques variétés, comme par exemple *3905, 5104, 5502, Jardin 201*, pour ne citer que ceux-là.

Quelques-uns, notés beaux et verts dans les Charentes, comme *3105, 3303* et *3001*, sont ici médiocres et insuffisants. Sur d'autres, tels *2601*, la chlorose est si intense qu'il va falloir arracher. Toutefois, j'ai voulu pour *2601*, qui a atteint presque le dernier degré de rabougrissement, essayer ce que pourrait produire le badigeonnage au sulfate de fer, d'après le procédé Rassiguier : la rangée des *2601* a donc été taillée et badigeonnée au mois de novembre dernier. Les effets du badigeonnage n'étant plus contestables, il serait intéressant de savoir dans quelle mesure ils pourraient aider au relèvement de plants porte-greffes notoirement insuffisants.

Le fait saillant qui se dégage des résultats fournis par ce Carré-Ecole a rapport à l'*affinité* : ils attestent, il est vrai, une fois de plus, la haute résistance de plants figurant déjà dans le champ d'expériences, tels que *1202, 601, 603*, et la bonne tenue du groupe des Riparia ✕ Rupestris (exemple *3309* et *3310*), mais l'intérêt essentiel n'est pas là. Il est dans la tenue détestable des greffes de Petit-Bouschet sur presque tous les hybrides essayés. A l'exception de celles sur *501, 1202, 601, 603* et *604*, toutes les greffes de Petit-Bouschet se sont plus ou moins chlorosées ; quelques unes même, cottisées, ont disparu. Sur les Riparia ✕ Rupestris, cette chlorose a été très nette, indiquant clairement que si ces cépages peuvent être considérés comme suffisants, dans certaines terres calcaires, avec des greffons comme l'Aramon et surtout le Carignan, ils deviennent radicalement insuffisants dès qu'on leur fait porter des cépages-greffons chlorosants, comme le Petit-Bouschet. Nous reviendrons plus tard sur cette question du pouvoir chlorosant des cépages-greffons, mais il convenait de la signaler dès maintenant et de bien marquer le rôle capital qu'elle joue dans l'adaptation en sols calcaires.

A l'exemple de toutes les vignes du domaine qui, sans exception, reçoivent tous les deux ans une fumure complète, le champ d'expériences tout entier, y compris le Carré-Ecole de porte-greffes, a été fumé à deux reprises, savoir : en 1893 au fumier de ferme additionné de 100 grammes de superphosphate d'os et de 50 grammes de sulfate de potasse par pied de souche, — en 1895 avec 1 kilo 1/2 de croûte de bergerie, additionné de 150 grammes d'engrais complet végétatif de Saint-Gobain, lequel comprend : azote nitrique 5 o/o ; superphosphate minéral 6 o/o ; sulfate de potasse 12 o/o.

Des carrés réservés à certains hybrides des collections de MM. Millardet et de Grasset et de M. Castel, j'ai peu de chose à dire : celui-ci, qui comprend seulement 5 ou 6 numéros, a servi à mettre en vedette le n° *2066*, déjà remarqué dans d'autres champs d'essais. Celui-là a subi certaines modifications : les n°ˢ *160* et *139* ont été arrachés et remplacés par le *41 B* (Chasselas × Berlandieri*). Mais c'est là, à proprement parler, un carré de pieds-mères. Il n'y a point de plants greffés, lesquels ont été réservés, faute de place, pour une terre immédiatement voisine du champ d'expériences. Là, sur un arrachis de *Clintons*, fortement déprimés par le phylloxera, un nouveau petit champ d'essais a été constitué, qui comprend, avec quelques plantes encore peu répandues ou connues, comme le *Colorado ε* de M. Bethmont, le *Colorado* de M. Ravaz et celui de M. Couderc, les principaux hybrides de M. Millardet et de M. Couderc juxtaposés, plantés côte à côte en lignes parallèles d'une vingtaine de pieds chacune, de façon à permettre une comparaison rapide entre les uns et les autres. Ce sont : 1 rangée de *Rupestris-Mission* ; — 3 rangées de *157-11* (Berlandieri × Riparia) de Couderc ; — 1 rangée de *Belton* ; — 2 rangées de *132-5* (601 × Monticola) de Couderc ; — 2 rangées de *132-9* (601 × Monticola) de Couderc ; — 1 rangée de *5505* (Aramon × Riparia) de Couderc ; — 2 rangées de *143 A'* (Aramon × Riparia) de Millardet ; — 2 rangées de *141 A'* (Alicante B. × Riparia) de Millardet ; — 3 rangées de *33 A et A'* (Cabernet × Rupestris) de Millardet ; — 1 rangée de *1202* (Mourvèdre × Rupestris) de Couderc ; · 2 rangées de *41 B* (Chasselas × Berlandieri) de Millardet ; — 1 rangée de *132-5* (601 × Monticola) greffés en Aramon ; — 2 rangées de *Berlandieris* Rességuier n° 2, greffés en Aramon ; — 1 rangée de *33* et *34* (Berlandieri × Riparia) de l'Ecole d'agriculture de Montpellier ; — 1 rangée de *Berlandieri × Riparia* de Malègue.

Quant au carré réservé aux plants dont l'Ecole d'agriculture de Montpellier a bien voulu faire l'essai chez moi, il serait prématuré de porter un jugement quelconque, sa constitution remontant seulement à 1894, et son greffage au printemps de 1895. Il comprend : des *Berlandieri* Rességuier n°ˢ *1* et *2* ; — des *Berlandieri d'Angeac* ; — des *Berlandieri de las*

TABLEAU II. — CARRÉ-ECOLE DE PORTE-GREFFES

N° des pieds	NOMS ET NUMÉROS DES HYBRIDES	ANNÉE 1891	ANNÉE 1892	ANNÉE 1893	ANNÉE 1894	ANNÉE 1895	OBSERVATIONS
1	1613 (Solonis × Othello) de Couderc.	Planté en boutures; reprise très bonne. Vert, vigoureux.	Reprise au greffage et vigueur ordinaires; chlorose légère. — 6.	Chlorose légère. — 5,5.	Chlorose plus nette, notamment Petits-Bouschets. — 5	Très chlorosé; aramons fruités. — 4,5.	Insuffisant; greffes de Petits-Bouschets cottisées.
2	3105 (Othello × Rupestris-Martin) de Couderc.	Planté en boutures; reprise très bonne. Vert, vigoureux.	Très bonne reprise au greffage; vert; vigoureux. — 7.	Vert, après légère chlorose sur les pointes. 6,5.	Légèrement chlorosé, sauf Carignans; assez fruité. — 6.	Chlorose légère; peu fruité. — 6.	Petits-Bouschets particulièrement chlorosés; insuffisant; à écarter.
3	1702 (Viala × Riparia) de Couderc.	Planté en racinés; vert; vigoureux.	Reprise excellente; greffes uniformément belles; vert. — 7,5.	Petits-Bouschets chlorosés; Carignans beaux; fruité. — 7.	Chlorosé; peu fruité. — 6.	Chlorosé; peu fruité. — 5,5.	Insuffisant; Petits-Bouschets cottisés;
4	5401 (Bourrisquou × Riparia) de Couderc.	Remplacé en 1895 par 132-4 ; 601 × Monticola).	Planté en racinés.	Greffage réussi; vert; petite végétation. — 6	Chlorose manifeste; Petits-Bouschets cottisés; à arracher.	Arraché et remplacé par des racinés de 132. — 4.	Après greffage est devenu si nettement rabougri qu'il a fallu arracher. Totalement insuffisant.
5	3303 (Canada × Rupestris) Couderc.	Planté en boutures; reprise parfaite.	Très bon greffage; vert; vigoureux. — 7,5.	Pointes légèrement chlorosées; fruité. — 7.	Chlorose générale; assez fruité. — 6,5.	Chlorose s'est accentuée; peu fruité. — 6.	Les Carignans seuls sont jolis, Aramons passables, Petits-Bouschets presque laids; à écarter.
6	1305 (Pinot × Rupestris) Couderc.	Planté en boutures; très bonne reprise.	Très vert; bonne reprise; végétation ordinaire. — 7,5.	Vert; végétation plus faible; peu fruité. — 6,5.	Vert; même végétation; peu fruité. — 6,5.	Assez vert; médiocre dans l'ensemble. — 6.	Ne se comporte pas ici comme en Bourgogne, où il est très beau; à peine suffisant ici.
7	501 (Carignan × Rupestris) de Couderc.	Planté en racinés.	Vert; reprise et vigueur ordinaires. — 7.	Vert; végétation ordinaire, sauf Carignans très beaux. — 7.	Carignans superbes; ensemble satisfaisant; Petits-Bouschets verts. — 7,5.	Très vert, notamment Carignans et Petits-Bouschets; fruité. — 8.	Manifeste une affinité particulière pour les Carignans et Petits-Bouschets.
8	505 (Carignan × Rupestris) de Couderc.	Planté en boutures.	Vert; reprise et vigueur ordinaires. — 7.	Assez vert; végétation médiocre. — 6.	Vert; moins beau que 501. — 6,5.	Vert; nettement inférieur à 501. — 6,5.	
9	1202 (Mourvèdre × Rupestris) de Couderc.	Planté en racinés.	Très vert; reprise parfaite; très grande vigueur. — 10.	Très vert; très belle végétation; fruité. — 10.	Carignans magnifiques; ensemble superbe. — 10; fruité.	Carignans de toute beauté; Petits-Bouschets extrêmement fruités. — 10.	Affinité pour le Carignan très nette; extrêmement remarquable.
10	601 (Bourrisquou × Rupestris) de Couderc.	Planté en boutures; très bonne reprise.	Vert; reprise et vigueur bonnes. — 7.	Vert; notamment Petits-Bouschets; assez fruité. — 7,5.	Vert; ensemble beau; fruité. — 8.	Vert; Petits-Bouschets et Carignans très beaux; fruité. — 8.	Est beaucoup plus beau ici que dans le champ d'expérience.
11	603 (Bourrisquou × Rupestris) de Couderc.	Planté en boutures; reprise très bonne.	Vert; vigueur et reprise ordinaires. — 7.	Vert; ensemble satisfaisant; assez fruité. — 7.	Vert; moins beau que 601; assez fruité. — 7.	Vert; même observation. — 7.	Dans l'ensemble peut-être moins beau que 601.
12	604 (Bourrisquou × Rupestris) de Couderc.	Planté en racinés.	Vert; idem. — 7.	Vert, fruité. — 7,5.	Vert; paraîtrait plus beau que 601 et que 603; fruité. — 8.	Vert; comme 601 et 603, affinité pour Carignans et Petits-Bouschets; fruité. — 7,5.	A été écarté par M. Couderc, comme moins résistant au calcaire que 608 et 601.
13	3905 (Bourrisquou × Rupestris) de Couderc.	Planté en racinés.	Très vert; très bonne reprise; belle végétation. — 7,5.	Vert; assez fruité; moins beau qu'en 1892. — 6,5.	Quelques souches chlorosées; ensemble médiocre. — 6.	Chlorosé; fléchissement marqué (phylloxera?). — 5.	Insuffisant.
14	4301 (Aramon × Rupestris) de Couderc.	Planté en boutures.	Vert; vigueur moyenne; reprise excellente. — 7.	Belle végétation, mais chlorose manifeste; assez fruité. — 7.	Chlorosé. — 5.	Très chlorosé. — 3. — Petits-Bouschets cottisés.	Nettement insuffisant.
15	5104 (Rupestris de las Sorres × Aramon) Couderc).	Planté en boutures.	Végétation suffisante mais chlorose manifeste. — 3.	Chlorose générale; fruité. — 8.	Très chlorosé, surtout Petits-Bouschets. — 8.	Petits-Bouschets cottisés, mauvais. — 2.	Nettement insuffisant.
16	Jardin 503 (Rupestris × Petit-Bouschet) de Couderc.	Planté en racinés.	Très vert; vigueur ordinaire; bonne reprise. — 6,5.	Vert; végétation ordinaire; un peu fruité. — 6.	Chlorose générale, particulièrement sur Petits-Bouschets. — 4.	Fléchissement marqué; Petits-Bouschets rabougris. — 3.	Insuffisant. Petits-Bouschets plus laids que Carignans et Aramons.
17	Jardin 501 (Rupestris × Petit-Bouschet) de Couderc.	Planté en racinés.	Très vert; vigueur ordinaire; reprise bonne. — 6,5.	Vert; paraît supérieur à Jard. 503. — 6.	Chlorose légère; peu fruité. — 6.	Chlorose manifeste; fléchissement; Petits-Bouschets laids. — 1.	Insuffisant; même observation que pour J. 503.

N° d'ordre	NOMS ET NUMÉROS DES HYBRIDES	ANNÉE 1891	ANNÉE 1892	ANNÉE 1893	ANNÉE 1894	ANNÉE 1895	OBSERVATIONS
18	Jardin 1103 (Rupestris × Chasselas) de Couderc.	Planté en boutures ; reprise médiocre.	Assez vert ; reprise au greffage difficile; petite végétation.— 4,5.	Chlorose sensible ; mauvais.— 2.	Coitlé; à arracher. — 1.	A été arraché et remplacé par des racinés de 132-5 de Couderc.	Remplacé par 132-5 (601 × Monticola) de Couderc.
19	Jardin 5502 (Othello-Rupestris × Berlandieri).	Planté en boutures.	Assez vert; bonne reprise; vigueur ordinaire.— 5.	Chlorosé ; médiocre. — 3,5.	Nettement chlorosé.— 3.	Chlorose générale. — 3.	Insuffisant.
20	Cordifolia × Riparia × Berlandieri du Territoire indien.	Greffés en Cabernet-Sauvignon, chlorose légère — 4.	Végétation assez belle, mais chlorose.— 4,5.	Chlorose persistante ; pas fruité.— 4.	Chlorosé, mais moins laid ; un peu fruité. — 4,5.	A été taillé long ; assez fruité ; chlorose moins intense.— 4,5.	Insuffisant.
21	Jardin 201 (Riparia-Rupestris × Aramon) Couderc.	Planté en racinés.	Très vert; très vigoureux; reprise excellente.— 8.	Moins beau ; quelques pointes chlorosées. — 6,5.	Petits-Bouschets très chlorosés ; peu fruité. — 5,5	Chlorosé; fléchissement manifeste ; peu fruité — 5.	A écarter.
22	2501 (Colombeau × Riparia) de Couderc.	Planté en boutures.	Vert; bonne reprise; vigueur ordinaire.— 6,5.	Assez vert ; végétation ordinaire ; peu fruité. — 6.	Chlorose légère; peu fruité — 5,5.	Petits-Bouschets chlorosés; ensemble médiocre. — 5.	Insuffisant.
23	2502 (Colombeau × Riparia) de Couderc.	Planté en boutures.	Vert; reprise et vigueur ordinaires.— 6,5.	Légèrement chlorosé. — 5.	Chlorosé ; paraît bien inférieur à 2501.— 4.	Chlorose persistante. — 3,5.	Totalement insuffisant.
24	3001 (Petit-Bouschet × Riparia) de Couderc.	Planté en racinés.	Vert; reprise et vigueur satisfaisante.— 7.	Vert ; belle végétation ; assez fruité.— 7,5.	Chlorose sur Petits-Bouschets; le reste vert; assez fruité.— 6,5.	Chlorose générale intense sur Petit-Bouschet, peu fruité.— 5,5.	Insuffisant. A noter le manque d'affinité pour les Petits-Bouschets.
25	3302 (Id.)	Planté en boutures.	Vert; idem — 7.	Chlorose légère.— 6.	Chlorose a dégénéré en coitis ; à arracher. — 2.	Arraché et remplacé par 132-9 de Couderc	Remplacé par 132-9 (601 × Monticola) de Couderc.
26	5502 (Aramon × Riparia) de Couderc.	Planté en boutures.	Chlorosé; peu satisfaisant. — 3.	Chlorosé ; végétation médiocre. — 3.	Chlorose persiste, mais sans rabougrissement. — 3	Même état de chlorose persistante. — 2.	Totalement insuffisant: à remarquer que, en un autre point, 5505 (également Aramon × Riparia) est très beau et très vert.
27	3309 (Riparia × Rupestris) de Couderc.	Planté en boutures ; reprise très bonne.	Reprise au greffage ordinaire ; vigueur moyenne; très vert.— 7.	Très vert ; belle végétation ; fruité. — 8.	Vert; pourtant chlorose légère sur Petits-Bouschets ; assez fruité. — 7.	Chlorose persistante sur Petit-Bouschet; ensemble satisfaisant; fruité.—7.	Ne paraît pas supérieur ici à 3306 ; légère supériorité sur 3310.
28	3310 (Riparia × Rupestris) de Couderc.	Planté en boutures	Reprise au greffage et vigueur ordinaires; très vert.— 7.	Vert, mais moins beau dans l'ensemble que 3309.— 7.	Vert, sauf Petits-Bouschets chlorosés ; fruité.— 7.	Petits-Bouschets chlorosés ; ensemble assez joli; fruité.—6,5.	Paraît légèrement inférieur à 3309 et aussi à 3306.
29	202 (Jacquez × Riparia) de Couderc.	Planté en racinés.	Très vert; bonne reprise; vigueur moyenne.— 7.	Vert; belle végétation ; très fruité.— 7,5.	Petits-Bouschets chlorosés; le reste vert; fruité. — 7.	Chlorose persistante sur Petits-Bouschets ; végétation un peu courte; assez fruité. — 6.	Pourrait être considéré comme suffisant.
30	2601 (Diana × Riparia) de Couderc.	Planté en racinés.	Grande vigueur et bonne reprise; mais chlorose s'accentue.— 6.	Belle végétation, mais chlorose s'accentue. — 6.	Chlorose très nette ; Petits-Bouschets rabougris. — 3.	Très laid; chlorose intense; nettement insuffisant. — 2.	A été taillé le 6 novembre 1895, et badigeonné au sulfate de fer, à titre d'expérience.

Observations générales. — Juillet 1895 : 1° Les Petits-Bouschets sont chlorosés sur tous les porte-greffes sauf pour 1202, 501 et tous les Bourrisquou × Rupestris. — 2° Ici, les franco-Rupestris paraissent, *dans leur ensemble*, plus résistants à la chlorose que les franco-Riparia.

(au Carré-École, hormis sur 1202, 501, 601, 603 et 604. En revanche, le Carignan manifeste une affinité particulière...)

Sorrès et des *Berlandieri Millardet* ; — des *Bellon* ; — des *Barnes* ; — des *Mobeelie* ; — des *Hutchison* ; — enfin des *333* de l'Ecole (Cabernet ✕ Berlandieri, alias *Tisserand*) ; — en tout 200 pieds de vignes en chiffres ronds.

La première année, les plants, tous racinés, se sont peu développés : d'aucuns même sont demeurés si faibles, presque chétifs, qu'ils n'ont pu être greffés l'année suivante. Les autres ont été greffés en *Aramon*.

La plupart de ces greffes, notamment celles sur *Berlandieri* Rességuier n° *2* et sur *333* se sont maintenues bien vertes ; celles sur *Mobeelie*, *Hutchison*, ont été légèrement chlorosées ainsi que celles sur *Berlandieri d'Angeac* et *Millardet*. D'une façon générale, la végétation a été plutôt courte, sans grand développement. Mais, encore un coup, tout cela est trop récent pour qu'il soit possible d'en tirer même une indication utile : il faut attendre.

En dehors du champ d'expériences, d'autres hybrides appartenant aux collections de M. Couderc ou à celles de M. Millardet ont été essayés ultérieurement dans des terres voisines, d'une composition physique et chimique sensiblement analogue. C'est d'abord la catégorie des *Riparia* ✕ *Rupestris* de Couderc, groupés les uns auprès des autres, de façon à autoriser un jugement plus certain encore sur leur valeur respective : *3306*, *3307*, *3308*, *3309*, *3310* ; — puis *132-5* et *132-9* (601 ✕ Monticola) de Couderc, qui portent des greffes superbes, aussi vertes que celles sur *1202*, encore qu'un peu moins vigoureuses ; — *157-11* (Berlandieri ✕ Riparia) de Couderc, très beau, très vert ; — *5505* (Aramon ✕ Riparia) de Couderc, dont les greffes d'Aramon sont très développées, avec une réussite au greffage de 95 à 98 o/o. — Ce sont ensuite quelques greffes d'Aramon peu nombreuses, il est vrai, mais toutes bien vertes et vigoureuses sur *33 A* (Cabernet ✕ Rupestris) et *141 A'* (Alicante B. ✕ Riparia) de M. Millardet. Quelques greffes sur *143 A* (Aramon ✕ Riparia) du même hybrideur ont légèrement jauni, et sont moins belles que celles sur *33* et *141*.

Nous avons dit plus haut que, concurremment à l'établissement du champ d'expériences, il était procédé à la plantation de 15 hectares environ de terres l'avoisinant immédiatement. Cette plantation était faite, en boutures, pour la plus grande part, sur un terrain semblable, défoncé à la même profondeur, avec des *Riparias* Gloire de Montpellier, Grand violet, et Tomenteux, avec des *Jacquez*, des *Taylor* et des *Solonis* ; — plus, formant un groupe à part, 1000 Riparia ✕ Rupestris n° *101* en [mélange ; — 1000 Rupestris ✕ Riparia n° *108* en mélange, et quelques centaines de *Gamay-Couderc*. Il n'est pas sans intérêt de dire en quelques mots comment elle s'est comportée.

Francs de pied, aucuns ne chlorosèrent, hormis les *108* qui jaunirent fortement et furent remplacés l'année suivante partie par des *101*, partie par des *Taylor-Narbonne*. Une fois greffés, ce fut une autre affaire. Tous furent greffés en «Aramon», sauf les Jacquez qui reçurent des «Alicante-Bouschet» et des «Grand noir de la Calmette». C'était la croyance, à ce moment, que «l'Alicante-Bouschet» se plaisait surtout sur le Jacquez : Vérité *peut-être* en terrain non calcaire, mais erreur profonde en terrain calcaire. Chlorose légère d'abord, plus intense ensuite, maigre développement des souches, fructification presque nulle, nécessité de traitements particuliers, tel est le tableau des greffes sur «Jacquez». Sur «Riparia», chlorose générale; sur quelques pieds, rabougrissement et cottis, et, pour les combattre, arrosage de chaque pied de souche cottisée ou rabougrie avec une solution de 1 kilog. de sulfate de fer dans 20 à 30 litres d'eau. Sur «Taylor», chlorose générale, faible végétation. Sur «Solonis», chlorose très légère, végétation normale, fructification satisfaisante. En revanche, sur les «Riparia $\times$ Rupestris» *101*, à part quelques pieds chlorosés, très-belle végétation, à peine entravée par une légère attaque de chlorose passagère, et fructification abondante. Sur les «Gamay-Couderc», végétation magnifique, grossissement rapide du tronc, fructification suffisante. Sur les «Taylor-Narbonne», végétation moins vigoureuse, d'un vert foncé, fructification normale. Je ne m'étendrai pas sur les soins culturaux donnés à ces différentes plantations. Il suffira de dire que toutes ont reçu au moins deux fumures complètes, — fumiers de ferme ou engrais azotés organiques, tels que frisons de corne, sang desséché, tourteaux, — toujours additionnées de superphosphate d'os et de sulfate de potasse. — En outre, une partie avait, à titre d'essai, été taillée à l'automne de 1894, et badigeonnée avec une solution de sulfate de fer, suivant le procédé de M. le Dr Rassiguier. Cet essai ayant donné des résultats satisfaisants, *toutes ces plantations* ont été traitées l'automne dernier par la même méthode : taille précoce entre le 15 octobre et le 15 novembre, et badigeonnage immédiat au sulfate de fer.

De ce rapprochement naturel, si facile, qui s'imposait avec une force chaque jour plus grande, ressortait nettement, me semblait-il, la supériorité des «Riparia $\times$ Rupestris» et de certains hybrides sur les cépages usuels, comme le «Riparia» et le «Jacquez». Ma conviction à cet égard devenait si forte que je n'ai pas hésité à m'adresser *exclusivement* à eux pour mes nouvelles plantations: à mesure que j'ai poursuivi ou étendu celles-ci, j'ai eu recours aux hybrides. C'est ainsi que, depuis 1893, j'ai planté environ 10.000 pieds de Riparia $\times$ Rupestris *3306* ou *101¹⁴*; 2000 *Gamay-Couderc*; — 6000 *1202*; — 4000 *Taylor-Narbonne*. La plupart de ces plants sont aujourd'hui greffés et en production. Mes espérances de la première heure se sont trouvées confirmées.

En résumé, mes observations prises soit dans le champ d'expériences, soit dans les plantations créées en dehors de celui-ci, portent sur un total de :

6 à 7000 souches de Riparia $\times$ Rupestris *101* ;

6 à 7000 souches de Riparia $\times$ Rupestris *3306* ;

6000 souches de *1202* (Mourvèdre $\times$ Rupestris)

4000 souches de *3103* (Gamay-Couderc) ;

3000 souches d'*Aramon* $\times$ *Rupestris-Ganzin* N° 1 ;

4 à 5000 souches de *Taylor-Narbonne*,

pour ne citer que les cépages que j'ai le plus répandus, sans parler du *Rupestris du Lot*, des *601*, etc., etc.

Elles accusent la prééminence très nette de *1202* sur tous les autres porte-greffes sans exception ; sa résistance à la chlorose, impeccable à Lattes, l'exhubérante végétation de ses greffes, le mettent hors de pair dans ces terrains. Pour la fructification, la première place revient aux *Riparia* $\times$ *Rupestris*, dont la fertilité dépasse celle du «Riparia». Malheureusement, à Lattes, la dose de carbonate de chaux est élevée pour ces cépages, et ils en souffrent quelque peu. Des soins spéciaux seront nécessaires.

Pour la résistance au phylloxera, elle a été bonne en général, au moins pour les plants en grande culture ; des fléchissements ne se sont produits que dans le Carré-École. Les recherches faites ont permis toutefois de relever quelques tubérosités sur «Gamay-Couderc», des nodosités sur le «Rupestris du Lot», «Taylor-Narbonne», «603», et «Aramon $\times$ Rupestris Ganzin N° 1». — «1202» et «601» ont paru indemnes jusqu'ici.

Parmi les plants cultivés à l'état de pieds isolés ou peu nombreux, les *33 A et A'* de M. Millardet, les *132 — 5 et 9* de M. Couderc sont de beaucoup les plus beaux. Ils n'ont jamais jauni et se rapprochent de «1202», sans égaler pourtant l'extrême vigueur de ce dernier.

Ces résultats autorisent-ils des conclusions d'ensemble ? Leur bénéfice peut-il être étendu aux autres terrains calcaires ? aux autres régions ? Ne vont-ils pas se trouver démentis par le changement de sol, de climat, de culture, de cépage-greffon ? C'est ce dont il faut s'assurer, par l'examen des des essais et des plantations entrepris ailleurs. S'il y a concordance, s'il est constant que certains cépages ont observé partout la même attitude, on conviendra qu'il sera permis d'en tirer des déductions générales, de conclure à des solutions pratiques s'appliquant à la généralité des terres calcaires.

CHAPITRE II

Plantations et champs d'expériences en sols calcaires, dans les
diverses régions viticoles

Cette enquête, il est vrai, ne serait pas indispensable : elle a été faite na-
guère par M. Roy-Chevrier avec un soin, une compétence, une autorité que
le Congrès de Lyon a chaleureusement applaudis. Nous ne saurions avoir
la prétention de la recommencer : œuvre de près de 40 départements français et de plus de 300 viticulteurs, elle constitue un document unique ;
mais elle remonte à près de deux années déjà. Des modifications, des faits
nouveaux ont pu se produire, qu'il faut rechercher. Dans les Charentes
notamment, des progrès ont été réalisés, qu'il convient de mettre en lumière. La nécessité d'aboutir est devenue partout plus pressante. Quelque
rapide qu'elle soit, cette excursion ne sera pas inutile.

RÉGION DU SUD-EST

Dans l'*Hérault*, d'autres essais intéressants ont été faits, car les terres
calcaires y sont nombreuses, qui présentent de sérieuses difficultés de
reconstitution, soit qu'elles aient déjà été plantées une première fois en
Riparias ou en Jacquez qu'il a fallu arracher, soit que leurs propriétaires
hésitent encore à les planter, par crainte d'un échec : alluvions quaternaires, terrains tertiaires, marnes, calcaires d'eau douce et lacustre, etc.

Telles sont, par exemple, les terres du «Mas de la Plaine», près Mauguio,
complantées une première fois en Jacquez, et qui ont dû être arrachées.
C'est contre ce «Mas de la Plaine», sur les bords d'un ruisseau, «la Ca-
doule», que M. Couderc a établi un champ d'expériences dans une terre
dosant de 42 à 45 o/o de carbonate de chaux, et que M. Crassous, directeur
de la Compagnie des Salins du Midi, a mise obligeamment à sa disposition.
Il comprend 55 rangées d'hybrides divers, greffés en 1893, savoir : 6 souches en Petit-Bouschet ; 6 en Alicante-Bouschet, et 12 en Aramon. J'ai visité
ce champ à diverses reprises, notamment l'automne dernier, où, en compagnie de M. Crassous et de M. Jamme, président de la Société centrale
d'agriculture de l'Hérault, nous avons soigneusement examiné chaque variété, et attribué à chacune la note qu'elle nous paraissait mériter. Il serait
superflu et inutile d'énumérer tous les hybrides de ce champ d'expériences ; il suffit de signaler ceux qui ont obtenu la note la plus élevée ; ce sont :
601 (Bourrisquou × Rupestris) note 8, (le maximum étant 10) ; — *33 A*

(Cabernet × Rupestris) de M. Millardet, note 8; — *Taylor-Narbonne* du Dr Despetis; — *Gamay-Couderc*; — *603* (Bourrisquou × Rupestris); — *3309* (Riparia × Rupestris); — *Rupestris du Lot*, — tous notés 7,5. — Une rangée de Riparia témoin a reçu la note 4.

Dans cette région, les anciennes terres à Jacquez sont à présent plantées en *Rupestris du Lot* qui, comme résistance à la chlorose, paraît y donner toute satisfaction : sa supériorité sur le Jacquez est, ici, très manifeste.

Le *Rupestris du Lot* est pareillement cultivé avec succès à Montferrier, près Montpellier, d'où il est originaire, — ainsi que nous aurons l'occasion de le constater plus loin, en étudiant tout particulièrement ce cépage, — en des sols dosant jusqu'à 72 o/o de carbonate de chaux, et sur plusieurs autres points du département, aux environ de Mèze, Pinet, où, sans être irréprochable, il se place nettement au-dessus des Jacquez et des Riparias.

Aux environs de Montpellier, il convient de signaler les plantations relativement importantes de *Gamay-Couderc*, *3306* et *3309* greffés en Aramon, entreprises par M. le baron de Saizieu; puis celles de M. Lambert en *Aramon × Rupestris N° 1*; celles de M. Pagézy, à Viviers, où des *Gamay-Couderc* greffés en Aramon, au milieu d'une vigne de Riparias, dépassent de beaucoup ces derniers et comme végétation, et même comme fructification; celles de M. Bouscaren, au Terral : (*Gamay-Couderc*; — *1202*; — *Taylor-Narbonne*; — *Aramon-Rupestris N° 1*) — celles de M. Jaquet-Boutry, à Vic-les-Etangs, (*1202* et *Gamay-Couderc*); — enfin, et pour éviter une énumération sans grand intérêt, le champ d'essai de M. Pommier-Layrargues, près Lansargues, où *1202*, *Gamay-Couderc*, *601*, et *Rupestris du Lot* végètent parfaitement, sans trace de chlorose ni fléchissement d'aucune sorte, dans un sol argilo-calcaire, où Riparias et Jacquez meurent chlorosés.

A *Saint-Martin-de-Londres*, dans la partie montagneuse du département, au domaine de la Fraicinède, en un sol très compact argilo-calcaire, détestable, où jusqu'ici aucune vigne américaine n'a pu donner de résultats, dosant à l'analyse près de 65 o/o de carbonate de chaux, M. Pierre Vialla a institué, en 1893, un champ d'expériences où, — à côté des Riparias × Rupestris *3306* et *3309*, du *Rupestris du Lot*, qui ont fortement jauni une fois greffés, de *Gamay-Couderc*, de *603*, qui ont plus légèrement jauni, — des plants comme *1202*, *Aramon-Rupestris N° 1* se montrent jusqu'ici exempts de toute chlorose. Des *Berlandieris* du Texas sélectionnés s'y sont mal développés et n'ont pu être greffés qu'à leur quatrième feuille.

Moins mauvaises sont à coup sûr les terres du beau domaine des «Yeuses», où M. le Dr Despetis, un américaniste de la première heure, un de ceux qui s'est appliqué avec le plus de zèle, d'intelligence et de savoir à la propagation des cépages du Nouveau-Monde, a tour à tour essayé les principaux hybrides de la collection de MM. Millardet et de Grasset et de celle de M. Couderc. D'une longue visite que j'ai faite dernièrement «aux Yeuses», il n'est pas ressorti de résultats nettement appréciables, en ce qui concerne ces collections : Il faut en excepter quelques jolis carrés de greffes sur : *101* (Riparia × Rupestris de Millardet) ; *3309* (Riparia × Rupestris de Couderc). — *604* (Bourrisquou × Rupestris de Couderc et *Gamay-Couderc*. C'est que toute l'attention de M. le Dr Despetits s'est, à fort juste titre, tournée vers son *Taylor-Narbonne*, dont il a plus de 100.000 greffes, toutes en production. Ces greffes, qui comprennent : dans la plaine, des Aramons, des Carignans, des Alicantes-Bouschet ; dans les coteaux, des Clairettes et des Picpouls, sont en général très belles, vertes et fructifères. Le terrain de la plaine varie, à l'analyse, entre 15 et 50 o/o de calcaire, celui des coteaux entre 30 et 45 o/o. C'est «aux Yeuses», le *Taylor-Narbonne* qui a fourni à M. le Dr Despetis les plus féconds résultats ; et l'on comprend aisément qu'il s'y soit attaché, à l'exclusion de tous les autres. Le *Rupestris du Lot*, cultivé à côté du *Taylor-Narbonne*, s'est montré inférieur à celui-ci ; à quelques kilomètres de là, au contraire, dans le domaine du «Blanchissage», il a été supérieur au *Narbonne*.

Au «Blanchissage», les terres de coteau, dosant environ 50o/o de calcaire, sont particulièrement difficiles à reconstituer. On n'y cultive guère que les cépages blancs ; les «Bourrets» gris et blancs, greffés sur Jacquez et sur Riparia, y sont très chlorosés, languissants, malgré deux traitements répétés en 1894 et 1895 au sulfate de fer, d'après le procédé du Dr Rassiguier, impuissant ici contre une adaptation trop défectueuse. Les *Berlandieris*, francs de pied, ont peu ou pas poussé. Quelques essais d'hybrides, hâtivement faits, n'ont pas été continués. Sur *Rupestris du Lot*, les greffes de «Clairette» (un des greffons les moins chlorosants qu'il y ait) sont passables ; des greffes de «Picpoul» sont médiocres, malgré le badigeonnage au sulfate de fer ; des greffes de l'année (1895), non encore badigeonnées, étaient nettement chlorosées. Tout à côté, les bas-fonds beaucoup moins calcaires, sont très beaux greffés sur Riparia ou sur Jacquez.

Dans la même région, à *Montagnac*, chez M. Rey de Lacroix, puis chez M. le marquis de Serres, et chez M. Ferdinand Bouisset, en des terrains appartenant au miocène lacustre, très humides en hiver, très secs en été, où le calcaire va de 60 o/o dans le sol à 77 et 82 o/o dans le sous-sol, se trouvent des champs d'expériences extrêmement intéressants. Certains hybrides de MM. Millardet et de Grasset y portent des greffes vertes, et, pour la plupart, très belles, près de Jacquez morts ou mourants greffés ou non greffés. Parmi eux, il faut retenir et citer les *41 B* (Chasselas×Berlandieri) ; — *33 A, A' et A²* (Cabernet×Rupestris) ; — *141 A'* (Alicante-Bouschet×Riparia) ; — *143 A, A' et A²* (Aramon×Riparia.)

Nous ne parlons que pour mémoire du beau champ de *Laval*, où M. de Grasset cultive et étudie, avec tant de soins, les hybrides créés par M. Millardet, aux travaux duquel il est si étroitement associé ; c'est à ces deux savants, auxquels la France viticole est redevable de si précieuses recherches, de si fécondes créations, qu'il appartient de publier sur ce champ d'expériences une notice complète qui sera accueillie comme un véritable régal par tous ceux qu'intéresse la question des hybrides. Qu'il me soit cependant permis d'y noter la tenue parfaite des cépages que je viens de citer : *41 B* ; — *33 A, A' et A²* ; — *141 A'* ; — *143 A, A' et A²*.

Le département de l'Aude est de ceux où la reconstitution du vignoble, facile et rapide en général, s'est heurtée sur bien des points aux plus sérieuses difficultés. Dans les terres d'origine nummulitique, les argiles du Carcassien, les calcaires lacustre et marin, dans les alluvions quaternaires de l'Aude et de l'Orbieu, dans les argilo-calcaires compactes et imperméables de Laure, le Riparia et le Jacquez ont donné de graves mécomptes.

Admirablement éclairés par la Société centrale d'Agriculture de l'Aude, dont les sollicitudes se sont, dès la première heure, tournées vers la plantation de ces terres difficiles, les viticulteurs de ce département ont eu la bonne fortune d'avoir sous les yeux des exemples instructifs, dans les champs d'expériences constitués par elle en vingt endroits différents, et d'avoir aussi le guide le plus sûr, le plus autorisé, le plus désintéressé qui soit, j'ai nommé M. Castel. Non content de se livrer lui-même à des travaux d'hybridation du plus haut intérêt, que sa modestie seule l'a empêché de répandre jusqu'ici dans le public, M. Castel a, plus qu'aucun autre, contribué à la propagation des principaux hybrides de MM. Millardet et Couderc, donnant toujours le pas à ces hybrides sur ses propres créations, et offrant ainsi un exemple de rare désintéressement.

La Société d'agriculture de l'Aude a publié les résultats ainsi obtenus par elle ; elle a exprimé, sous forme de consultation, son opinion motivée sur la replantation des terres difficiles du département. Il suffit de parcourir ses Bulletins mensuels, pour saisir et comprendre toute l'importance qu'elle attachait — qu'elle attache encore — à cette question. Dès la fin de l'année 1892, elle formulait ainsi qu'il suit sa manière de voir dans un travail qu'il serait trop long de rapporter ici en entier, mais dont voici les passages essentiels :

« 1° Dans les terres les plus fertiles qui portaient autrefois de magnifiques » vignes françaises, les greffes faites sur Jacquez et sur Riparia sont mortes » de la chlorose de la troisième à la cinquième année après le greffage, mal- » gré les soins culturaux les plus minutieux, quand le sol renfermait plus de » 180 gr. de chaux, ou plus de 320 gr. de carbonate de chaux par kilogr. de terre » fine. Dans ces derniers sols, les Jacquez et les Riparias francs de pied en gé- » néral ne se chlorosent point.....

» 2° Dans les terres argileuses compactes à sous-sols imperméables, qui » portaient cependant autrefois de belles vignes françaises, par suite du man- » que de drainage du sol, les racines des souches restent, pendant une partie » de l'année, directement en contact avec de l'eau chargée de carbonate de » chaux : dans ces dernières conditions, une proportion de 60 gr. et même de

» 40 gr. de chaux par kilogr. de terre fine suffit parfois pour entraîner la
» mort des greffes sur Jacquez et sur Riparia.....
» 3° Les terres qui renferment de 100 à 180 de chaux par kilogr. de terre
» fines sont en général fortement chlorosées ; par des traitements à base de
» sulfate de fer on parvient parfois à se rendre maître de la chlorose.
» 4° Dans les terres qui renferment plus de 180 gr. de chaux par kilogr. de
» terre fine et qui sont réfractaires à la culture des greffes sur Jacquez ou sur
» Riparia, certaines variétés de Rupestris, et des hybrides de Rupestris, Ri-
» paria, Berlandieri et de Vinifera ne se chlorosent pas et portent annuelle-
» ment, depuis quatre, six et huit ans, de belles greffes qui produisent de nom-
» breux raisins, même en présence de sous-sols imperméables.
» Pour résumer nos conclusions, nous établirons la règle suivante.
» Les viticulteurs prudents, qui ne voudront pas s'exposer à un échec, dans
» la reconstitution de leur vignoble, devront s'abstenir, d'une manière absolue
» de planter comme porte-greffes des Jacquez ou des Riparias dans les sols
» qui renferment plus de 100 gr. de chaux ou plus de 178 gr. de carbonate de
» chaux par kilogr. de terre fine.....
» Dans les sols où les greffes sur Jacquez et sur Riparia se chlorosent,
» d'après notre expérience et les nombreux renseignements recueillis dans des
» enquêtes personnelles dans de nombreux vignobles, nous conseillerons des
» essais de culture des variétés ci-après comme portant le mieux la greffe
» dans les mauvais sols.
» Dans les terrains les plus calcaires dans lesquels la culture de la vigne
» est encore possible, c'est-à-dire dans les sols fertiles et profonds qui ren-
» ferment de 30 à 40 o/o de chaux ou de 53 à 71 o/o de carbonate de chaux,
» nous conseillerons de planter de préférence les cépages nouveaux désignés
» ci-après :
» Mourvèdre×Rupestris n° 1202, de M. Couderc.
» Colombeau×Rupestris n° 3103, id. ; dit Gamay Couderc.
» Riparia×Rupestris n° 3306, id. ;
» Chasselas×Berlandieri n. 41, de MM. Millardet-de-Grasset.
» Taylor – Narbonne, de M. le Dr Despetis.
» Rupestris phénomène, de MM. Millardet-de-Grasset.
» Monticola— Rupestris, de M. E. Bary.
» Dans les sols qui renferment de 10 à 30 o/o de chaux, ou de 18 à 53 o/o de
» carbonate de chaux, et qui ne se prêtent pas à la culture des greffes sur
» Jacquez et sur Riparia, en outre des cépages énumérés ci-dessus, nous con-
» seillons la culture comme porte-greffes des nouveaux cépages énumérés
» ci-après :
«Riparia×Rupestris n° 3309 et 3310, de M. Couderc.
» Pineau×Rupestris n° 1305, de M. Couderc.
» Riparia×Rupestris n° 101, de MM. Millardet-de-Grasset.
» Cabernet × Rupestris N° 33, de MM. Millardet-de-Grasset.
» Aramon × Rupestris n°s 1 et 2 de M. Ganzin.
» Nous ne conseillons la plantation que de cépages connus déjà depuis plu-
» sieurs années et dont les essais de culture ont démontré la bonne tenue
» dans les mauvais sols».

Au Congrès viticole de Montpellier, M. Castel a confirmé ces conclusions sous une forme presque identique : depuis, rien n'est venu les infir-
mer ou les démentir. Les difficultés de la reconstitution ont singulière-

ment stimulé, il faut le reconnaître, le zèle des viticulteurs de l'Aude, et il est peu de régions où les essais aient été plus nombreux. Si la Société d'agriculture s'y est activement employée, il serait injuste de méconnaître l'action considérable exercée dans le même sens par le distingué professeur départemental d'agriculture, M. Barbut, auquel revient, pour une part, le mérite des résultats obtenus. C'est, d'une façon générale, le *Rupestris du Lot* qui, après les échecs du Riparia et du Jacquez, sert aujourd'hui de base à la replantation des terres difficiles, sans qu'il soit pourtant exact de prétendre, comme on a voulu le soutenir, qu'il ait accusé une supériorité sur les hybrides. La vérité est que, dans l'Aude, il égale certains d'entre eux, et aussi que ceux-ci sont moins connus et encore peu répandus.

De tous les champs d'expériences que j'ai visités dans l'Aude, au mois d'octobre dernier, je me bornerai à citer ceux qui, à des titres divers, m'ont paru présenter le plus vif intérêt. Dans son magnifique domaine *des Cheminières*, près *Castelnaudary*, — hospitalièrement ouvert aux visiteurs avec tant de bonne grâce et de courtoisie, — M. le sénateur Mir a organisé deux champs d'essais. Le premier comprend une vingtaine de variétés d'hybrides franco-américains ou américo-américains, uniformément greffés en Carignan : ici, l'influence du greffon est manifeste, et la chlorose est légère. Sont notés beaux : *1202 ; 33 A ; Aramon* $\times$ *Rupestris N° 1 ; 603 ; Gamay-Couderc : Rupestris du Lot* et *3306*. — Le second, beaucoup plus important, comprend également une vingtaine de cépages porte-greffes hybrides, greffés en Gamay, Sémillon, Folle blanche, Folle noire, Carignan, Portugais bleu, Aspiran, Ugni blanc, Loin de l'œil, Grand noir de la Calmette, Cabernet et Clairette. Au point de vue de l'affinité, ce champ d'expériences présente le plus vif intérêt; il confirme l'extrême importance du choix des cépages-greffons, en terrain calcaire : ainsi *1202*, greffé en «Loin de l'œil» est un peu chlorosé tandis que *1615* (Solonis $\times$ Riparia) greffé en «Carignan» est presque beau; — *1203*, greffé en «Carignan» est assez joli; — le *Rupestris du Lot* et l'*Aramon* $\times$ *Rupestris N° 1*, fort médiocres greffés en Aspiran, sont assez bien, greffés en «Portugais bleu» et en «Carignan violet.» Mais l'aspect général est peu satisfaisant; c'est à peine si quelques greffes de «Carignan» sur *1203* (Mourvèdre $\times$ Rupestris) et sur *Rupestris du Lot* sont suffisamment vertes et développées. Le sol, de couleur blanchâtre, est une alluvion quaternaire compacte, dosant :

	Sol	Sous-sol
Tiers supérieur de la pièce....	41 %	53 %
Milieu......................	42	53
Tiers inférieur..............	27	26

Plus loin, une vigne d'une certaine étendue est greffée sur *Rupestris du Lot*, partie en «Clairette», celle-ci d'un vert noir, très belle, partie en «Grenache», celle-là jaune et médiocre.

Chez M. Salaman, qui possède à *Ste-Eulalie* un superbe vignoble, soumis en partie à la submersion, les hybrides ont été expérimentés sur de
grandes surfaces, dans des marnes grisâtres où Jacquez et Riparia meurent de chlorose. Le *Rupestris du Lot*, le *Gamay-Couderc* sont très beaux.
A côté, à *Mansote*, autre propriété de M. Salaman, dans un sol argilo-calcaire compact, reposant sur un sous-sol formé par des argilolithes d'une
imperméabilité absolue désignés dans le pays sous le nom de *roc mort*, le
Rupestris du Lot et le *Gamay-Couderc* sont également vigoureux et très
verts, avec une fructification normale. *1202* et *Taylor-Narbonne* sont
superbes l'un et l'autre, mais non encore greffés. Pourtant, M. Salaman
fonde, dit-il, de grandes espérances sur *1202*.

A *Laure*, où le vignoble d'abord replanté sur Riparia, puis sur Jacquez, a
dû être arraché deux fois, tant sont réfractaires les terres argilo-calcaires
compactes et humides de cette commune, M. Buscail a poursuivi, avec une
ténacité, une persévérance que rien n'a rebutées, des essais qu'il a jugés
assez concluants pour entreprendre la reconstitution de ses vignes d'une
manière définitive. C'est à l'*Aramon* $\times$ *Rupestris-Ganzin N° 1* qu'il s'adresse
désormais dans ce but : ses plus anciennes greffes sur cet hybride remon-
tent à 1888. Elles sont merveilleusement développées et très fructifères,
dans un terrain où des greffes d'Aramon sur Riparia avaient dû être arrachées en 1886 à leur première feuille. A côté de l'*Aramon* $\times$*Rupestris N° 1*,
mais d'une végétation moins exubérante, quoique très verts, viennent les
Gamay-Couderc, les *1202*, les *Rupestris du Lot*. M. Buscail a environ, disséminés dans ses diverses propriétés, 20.000 pieds de *Gamay-Couderc,*
dont la plus grande partie est greffée en «Carignan»; et autant d'*Aramon* $\times$
Rupestris N° 1. Sur un coteau ultra sec notamment, nous voyons une
vigne de Carignan sur *Gamay-Couderc* de 6 à 7 ans de greffe, très belle,
très verte, tandis qu'à deux pas des Jacquez, francs de pied, sont nettement chlorosés. Dans une seconde propriété, dite Pallax (terre de plaine
argilo-calcaire, profonde, fraîche, fertile, ancien jardin potager, plantée
d'abord en Riparia, puis arrachée) les greffes d'Aramon, Carignan et Grenache sur *Aramon* $\times$ *Rupestris N° 1* et sur *1202* sont de toute beauté, très
fruitées; le *Gamay-Couderc* et le *Rupestris du Lot* sont moins beaux. Cette
année même, M. Buscail va planter encore 20.000 *Aramon* $\times$ *Rupestris
N° 1*. «Si je ne plante pas de *Gamay-Gouderc* cette année, me dit M. Bus-
»cail, c'est que je leur préfère l'*Aramon* $\times$ *Rupestris N° 1* comme porte-
»greffe pour l'Aramon. Je réserve les *Gamay-Couderc* pour porter des
»Carignans; c'est vous dire que je les plante en coteau: voyez comme je
»redoute leur manque de résistance! Si je ne vulgarise ni *1202*, ni *604*,
»que je considère comme les plus résistants à Laure, c'est que je n'ai pas
»assez de bois, et que les deux autres, que je connais depuis longtemps
»d'ailleurs, me paraissent très suffisants.»

A *Laure* encore, le champ d'expériences de M. Finestre, agent-voyer, montre l'*Aramon Rupestris N° 1*, le *1202*, le *Rupestris du Lot*, le *Gamay-Couderc*, vigoureux et verts.

A *Lézignan* et à *Villedaigne*, l'un des viticulteurs les plus distingués du département de l'Aude, M. Numa Théron, a planté une partie importante de ses deux domaines avec des hybrides : ce sont le Riparia×Rupestris *N° 101¹⁴* de MM. Millardet et de Grasset, l'*Aramon*×*Rupestris N° 1*, et le *Gamay-Couderc* qui tiennent la corde. A *Villedaigne*, sont très verts, quel que soit le greffon employé (Aramon, Carignan ou Grand-Noir de la Calmette), *101¹⁴* de Millardet ; — *33 A* (Cabernet × Rupestris) ; *Aramon* × *Rupestris N°ˢ 1 et 2* ; — *Gamay-Couderc* et *Taylor-Narbonne*. A *Lézignan*, le *33 A'* et le *Taylor-Narbonne* se sont légèrement chlorosés, tandis que le *101¹⁴*, les 2 *Aramon* × *Rupestris* et le *Gamay-Couderc* sont restés très verts. Le *Rupestris du Lot* est très vert aussi bien à Villedaigne qu'à Lézignan. Mais les préférences de M. Théron sont pour le *101¹⁴* dont la fructification est extrêmement belle, supérieure à ce qu'elle serait sur Riparia. Il est nécessaire d'ajouter que, tant à Villedaigne qu'à Lézignan, Riparia et Jacquez avaient jauni et dépéri l'année même de la plantation.

Si nous voulons parcourir les autres champs d'expériences (ceux de M. le Dʳ Dassier, de M. Labadié, de M. Bourdel, de M. Cavaillez, de M. Roques, de M. Rousseau, de M. Joulia, de M. Gayde, de M. Jallabert, enfin de M. Bouffet), nous constaterons que partout ce sont les mêmes cépages qui tiennent la tête, avec, suivant les terrains, de légères variations : *Aramon* × *Rupestris N° 1* : *Rupestris du Lot* ; *Gamay-Couderc* ; *1202* ; *Taylor-Narbonne*. Dans l'Aude, la compacité du sol place au premier rang les porte-greffes à racines grosses et puissantes, tels que sont les franco-Rupestris, et, quand le sous-sol est imperméable, ceux dont les racines sont traçantes comme l'*Aramon* × *Rupestris N° 1* et le *Gamay-Couderc*. Ces résultats, obtenus aux quatre coins du département, M. Castel vient de les résumer dernièrement en une étude que nous ne saurions résister au plaisir de citer en partie :

«Tous les hybrides signalés comme méritants, dit-il (1), ont été soumis, dans le département de l'Aude, à des essais comparatifs de culture dans des sols de composition variable sur 125 champs d'expériences organisés par les soins de la Société centrale d'agriculture de l'Aude. De l'ensemble des notes prises sur la tenue de ces hybrides dans ces champs d'expériences, dont la direction m'avait été confiée, et d'une enquête personnelle à laquelle je me suis livré dans un très grand nombre de vignobles appartenant aux diverses régions viticoles de la France, j'en ai déduit la teneur maximum, en carbonate de chaux, du sol dans lequel les plus remarquables de ces hybrides peuvent porter des greffes très vertes et très fertiles. Ces quantités de calcaire sont indiquées dans le tableau ci-après :

_____

(1) Voir *Progrès agricole et viticole* du 5 janvier 1896, page 11.

Teneur maximum du sol en calcaire supportée par les hybrides sans se chloroser

Noms des hybrides	Richesse du sol en calcaire
41 B Chasselas × Berlandieri, de Millardet...............	60 o/o
1202 Mourvèdre × Rupestris, de Couderc..................	50 —
33 A² Cabernet × Rupestris, de Millardet................	
Aramon × Rupestris-Ganzin N° 1........................	
Gamay-Couderc...	
601 Bourrisquou × Rupestris, de Couderc.................	
603 — — —	
501 Carignan × Rupestris, de Couderc...................	40 —
141 A¹ Alicante-Bouschet × Riparia de Millardet..........	
Taylor-Narbonne, du Dr Despetis......................	
Rupestris du Lot......................................	
3306 Riparia × Rupestris, de Couderc...................	
3309 — — —	
101-14 Riparia × Rupestris, de Millardet.................	30 —
1616 Solonis × Riparia, de Couderc......................	
Riparia Grand-Glabre..................................	20 —
Riparia-Gloire...	
Cordifolia-Rupestris N° 1, de Grasset....................	10 —

Solonis. Dans les sols humides qui renferment moins de 40 o/o de calcaire.

»Dans ce tableau, il n'est question que des hybrides de création déjà ancienne et dont le mérite a reçu la sanction de l'expérience. Comme les viticulteurs doivent forcément se limiter dans le choix de leurs porte-greffes, dans chaque groupe d'hybrides correspondant à une teneur maximum en calcaire, je n'ai fait connaître que les hybrides qui sont à la fois et les plus cultivés et les plus remarquables par la vigueur et la grande fertilité qu'ils communiquent à leurs greffes : les autres hybrides ont été omis à dessein.»

Dans les *«Bouches-du-Rhône»*, les terrains calcaires sont, pour la plupart, caractérisés par leur extrême sécheresse : le phylloxera y est très meurtrier, et les expériences y présentent, par suite, un double intérêt. De ce nombre, sont celles que poursuit au domaine du «Défends», commune de *Rousset*, notre ami M. Coutagne, dont les travaux sont si appréciés à la Société d'agriculture des Bouches-du-Rhône et à la Société de viticulture de Lyon. Ses premiers essais datent de 1891 : ils portaient sur 53 cépages, plantés en boutures dans un sol constitué par les marnes rouges de la plaine du Lar (garumnien), le sous-sol étant de marne compacte, où le calcaire varie de 17 o/o au minimum à 40 o/o au maximum. Terrain et climat sont terriblement secs : les vignes françaises, envahies par le phylloxera, ont été emportées en 3 ou 4 ans. Les Jacquez greffés y sont misérables, d'une production insignifiante (10 à 15 hectolitres à l'hectare) même bien fumés et bien soignés, cela du fait du phylloxera ; les Riparias greffés n'y sont guère meilleurs du fait du calcaire ; les Solonis se rabougrissent à la 3ᵉ feuille et sont bons à arracher à la 4ᵉ. Dès la fin de 1892, de grandes différences étaient déjà visibles dans la tenue des divers cépages conservés non greffés à dessein, tous les sarments de chaque souche étant, chaque année, récoltés et pesés avec soin : ces poids sont, pour M. Coutagne, une espèce de coefficient qui donne une idée de la vigueur relative des plantes essayées. Actuellement, après 5 feuilles, M. Coutagne les classe comme suit : 1° en tête, les bons Vinifera×Rupestris, tels que *1202, 1305, 601, 603, Aramon×Rupestris N° 1*, qui font trois ou quatre fois plus de bois que les Riparia-Gloire et les Rupestris-Ganzin de même âge, plantés à côté. — 2° en deuxième ligne, les Riparia×Rupestris *3306, 3309, 3310*, bien inférieurs aux précédents dans ce terrain, ce qui s'explique par l'extrême sécheresse du sol et son peu de profondeur. — 3° enfin, les *Rupestris-Ganzin, Taylor-Narbonne, Riparia*, en dernière ligne.

De 1892 à 1893, d'autres clos ont été plantés avec des hybrides de la collection Couderc, et greffés l'année suivante : Les greffes sur *1202, Gamay-Couderc, Jardin 201, 3905* (Bourrisquou × Rupestris) sont magnifiques ; les anciennes greffes sur Jacquez ou Riparia ne sauraient leur être comparées. Les *Berlandieris* essayés ont peu ou pas poussé. M. Coutagne vient d'arracher, cet hiver, six hectares de Riparias greffés de 12 ans : son favori est le *1202*; mais il estime que *1305, Gamay-Couderc, 601, 603, 901*, sont presque aussi bons que *1202*. Il aurait, dit-il, à planter des terrains non calcaires qu'il y planterait ces mêmes porte-greffes, à cause de leur vigueur plus grande que celle des Riparias ou des Rupestris purs, et parce qu'il considère leur résistance comme *pratiquement* égale, sinon supérieure.

L'exemple de M. Coutagne a été suivi : autour de lui, M. Couton, maire de *Rousset*, ne plante plus que de l'*Aramon×Rupestris N° 1*; M. Amiard, avocat à Aix, abandonne les anciens porte-greffes et les remplace par des hybrides. A *Fuveau*, même plaine que *Rousset*, M. le Dʳ Barthélemy possède 5 hectares environ de vignes greffées sur *1202, 601* et *603* : Il a attendu, pour planter, d'avoir des hybrides, car il s'est refusé à commencer ses plantations aussi longtemps qu'il a vu chez ses voisins les déboires causés par le Riparia et le Jacquez. De ce côté, le branle est donné, et l'on n'emploie plus que les hybrides.

A *Aix-en-Provence*, le champ d'expériences départemental, dirigé par M. le professeur d'agriculture de Laroque, — encore que datant de 3 ans seulement — met en évidence la supériorité des hybrides sur les Jacquez, les Riparias et les Rupestris. Le *Rupestris du Lot* y aurait légèrement fléchi cette année, comme il aurait fléchi chez M. Coutagne, où l'extrême sécheresse du terrain exerce incontestablement, au point de vue de la résistance phylloxérique, une influence défavorable.

A la limite des départements des *Bouches-du-Rhône* et du *Var*, à *Saint-Zacharie*, M. le comte Antoine de Saporta — dont «la Revue des deux Mondes» a publié une si intéressante étude sur les «vignes et le vin dans le Midi de la France», — a créé deux vignes d'essais où toute une collection d'hybrides Couderc (porte-greffes et producteurs directs) est observée à côté des Riparias, Rupestris et Jacquez.

La première, dite «du Plan», est formée d'alluvions quaternaires ou de dépôts remaniés plus récents encore, provenant du massif jurassique et triassique de la région Sud-Est de la haute vallée de l'Huveaune. Cette terre, riche en humus d'excellente qualité, dose 32 o/o de calcaire au calcimètre Bernard. Tous les plants y sont greffés en Mourvèdre, un des greffons les plus chlorosants qui soient. Aussi, à l'exception des *1202* qui sont magnifiques, des *601* et des *Gamay-Couderc* qui se comportent bien ou assez bien, tout a jauni. *603*; *3001* (Petit-Bouschet × Riparia); — *202* (Jacquez × Riparia), pour ne citer que ceux-là, ont plus ou moins fléchi; Riparias, Jacquez et Rupestris se sont plus chlorosés encore.

La seconde, constituée par des dépôts travertineux remaniés sur place d'arkoses et de dolomies cloisonnées du trias, accuse au calcimètre 39 à 45 o/o de calcaire: le sol en est maigre, tuffeux, pauvre, particulièrement exposé à la sécheresse: *1305* (Pineau × Rupestris) dont les aptitudes particulières pour les sols ultra-secs se manifestent nettement, y est d'une végétation exubérante; puis *5505* (Aramon × Riparia); *3006* et *3009*· — Plus loin, à 32 o/o de calcaire, des *Gamay-Couderc* et des *Rupestris du Lot* portent de jolies greffes de «Petite Syrah» et de «Grand noir de la Calmette», devenues très vigoureuses.

Dans le département du *Var*, il convient de signaler les belles collections d'hybrides et de *Berlandieris* de M. le Dr Davin, la pépinière départementale établie à Toulon, et les nombreuses plantations d'*Aramon × Rupestris* N^{os} *1* et *2* qui, partis du «*Pradet*», où M. Ganzin, le modeste et célèbre hybrideur, leur donna le jour, ont peu à peu rayonné sur toute la région.

RÉGION DE L'EST

L'*Est* est une des régions où les hybrides ont été les plus suivis, les plus répandus: sur les points les plus variés de *Saône-et-Loire* et de la *Côte-d'Or*, ils ont été expérimentés d'abord, et, après une sélection natu·relle d'adaptation au sol, plantés à demeure sur des surfaces relativement importantes. Des vignobles entiers ou des parties de vignobles se trouvent aujourd'hui reconstitués à l'aide de certains de ces cépages, témoignant aussi bien de l'excellence des résultats obtenus que de la confiance des viticulteurs de ce pays. Les savants professeurs Pulliat et Battanchon ont étudié de près ces tentatives, — quand ils ne les ont pas dirigées ou inspirées ; et il suffit de parcourir la collection de «*la Vigne américaine*», — ce vieil organe de la viticulture nouvelle en Europe, — pour constater tout l'intérêt, j'oserai dire toute la sympathie, avec lesquels ils ont l'un et l'autre noté, jour par jour pour ainsi dire, leur développement.

Au début, c'est au «Solonis» que l'on s'est adressé pour la plantation des sols froids, humides, reposant sur un sous-sol d'argile compacte ou de marne ou de ceux contenant plus de calcaire que les Riparias n'en peuvent supporter. Dans ces terrains, tout s'est bien passé lorsqu'il y règne une certaine humidité, mais dans les sols secs ou exposés à se dessécher, quelques affaiblissements ont été constatés. M. Durand, directeur de l'Ecole de viticulture de Beaune, et M. Battanchon ont conseillé, pour remplacer «le Solonis», de songer aux Riparias $\times$ Rupestris *3309* Couderc et *101* Millardet, à l'*Aramon* $\times$ *Rupestris* N° *1* et au Solonis $\times$ Riparia N° *1616* de Couderc (1). La chlorose se manifeste de préférence dans toutes les vignes plantées sur les marnes oxfordiennes : les champs d'adaptation créés par le Comité de vigilance de la Côte-d'Or ont donné des indications fort intéressantes : l'*Aramon* $\times$ *Rupestris* N°*1*, le *1202*, le *Rupestris du Lot* s'y sont montrés supérieurs aux anciens porte-greffes. La plantation des sols calcaires est, dans cette région, compliquée par une question d'affinité. Le cépage-greffon le plus employé est le «Pineau», beaucoup plus chlorosant que le «Gamay»; de nombreuses observations l'ont attesté; de même, on a noté que parmi les cépages blancs, dont les produits dans les marnes calcaires blanches sont particulièrement distingués, «l'Aligoté» jaunit moins que le «Melon» et le «Chardonnet.» —

M. René Lamblin, directeur des champs de démonstration auxquels nous venons de faire allusion, étudie, chez lui aussi, à *Daix* près Dijon, dans des sols dosant 68 o/o de calcaire, les principaux porte-greffes, hybrides ou non, indiqués pour les terres calcaires. Les *1202*, *601*, *1305* (Pinot $\times$ Rupestris), *Gamay-Couderc*, y sont particulièrement beaux. Dans des marnes oxfordiennes à 68 o/o de calcaire et 30 centimètres à peine de fond, *les Aramon* $\times$ *Rupestris* N° *1* portent des greffes superbes, à côté de *Berlandieris* N°s *1* et *2* de M. Rességuier, lesquels, depuis 4 ans, ne veulent pas sortir de terre. M. Lamblin désespère de leur voir prendre une vigueur suffisante pour les pouvoir greffer. M. Lamblin m'a fait l'honneur de m'écrire qu'il ne connaît pas d'exemple de *Gamay-Couderc* greffés ou d'*Aramon* $\times$ *Rupestris* N° *1* qui soient affaiblis du fait du phylloxera : il a vu au champ d'expérience de *Larrey* des greffes sur *Aramon* $\times$ *Rupestris* N° *2* fléchir assez sensiblement, mais sans pouvoir constater trace de phylloxera sur les racines. A *Vosnes*, il en connaît qui sont morts pour cause de mauvaise adaptation, dans un terrain très jaune paraissant peu calcaire; ces pieds d'*Aramon* $\times$ *Rupestris* n'étaient même pas greffés. Le dépérisse-

---

(1) Voir *Progrès agricole et viticole* du 10 mars 1895, pages 246 et 247.

ment avait la forme d'une tache et correspondait à l'aspect jaunâtre du sol : de phylloxeras, point ; c'était plutôt une chlorose intense, allant jusqu'au cottis.

MM. Etienne Sordet et Charbonnier, à *Saint-Romain*, MM. Ferdinand Coste et Chenot à *Pommard*, ont employé avec succès le *Gamay-Couderc* et l'*Aramon* $\times$ *Rupestris N° 1*. Si les terres plantées à *Pommard* sont relativement peu calcaires, il n'en est pas de même de celles de *Saint-Romain*. Là, un banc de marnes oxfordiennes a vu se chloroser et dépérir la plupart des variétés essayées. Il est regrettable que la gommose bacillaire soit venue, par des ravages assez importants, masquer une partie des résultats obtenus. Il n'en reste pas moins évident qu'à *Saint-Romain* de même qu'à *Auxey*, au champ d'expériences de la société vigneronne de Beaune, c'est le *1202* qui tient la corde et se montre supérieur aux autres Franco $\times$ Rupestris. Dans cette région, en ce qui concerne les *Berlandieris*, «il existe »(lisons-nous dans le dernier *Bulletin de la Société vigneronne de Beaune*, »N° 31, page 3) un champ d'adaptation à Villars-Fontaine, dans un terrain »à 60 o/o de calcaire. Sur 90 *Berlandieris*, moitié sont morts, l'autre moitié »ne vaut rien».

A signaler aussi, en Côte-d'Or, la belle plantation de M. Roy-Chevrier, à *Meursault*. Située sur la grande oolithe, en calcaire pâle dosant 66 o/o, sol sec et superficiel, cette plantation comprend près de 3 hectares, en deux pièces principales. Elle est presque entièrement sur *Gamay-Couderc* ; les seuls greffons employés sont «le Chardonnet» et «l'Aligoté». Les N°s *1615* et *3303*, qui y figuraient pour 500 pieds environ, se sont montrés de suite insuffisants ; ils ont été arrachés à leur deuxième feuille et remplacés par des *1202*. Dans un petit coin, le plus mauvais du vignoble, le propriétaire a essayé, un an avant sa plantation d'ensemble, les principaux hybrides par 5 ou 6 greffes seulement de chacun d'eux : *Gamay-Couderc, 1202, 1702, 1616, 1615, 1305, 3306, 3309, 3310, 4101, 1101* et *Rupestris du Lot*. Seul de tous ces cépages, le *1202* est resté constamment vert et a pu, dans ce point particulièrement meurtrier, traverser la deuxième année sans chlorose. Plusieurs des autres ont reverdi à la troisième feuille. Le *Gamay-Couderc* y est même devenu très beau. C'est lui, en somme, qui constitue par ses 25.000 souches la majeure partie de ce domaine d'expérimentation.

En Châlonnais, nous retrouvons M. Roy-Chevrier, président de la Société d'Agriculture et de Viticulture de l'arrondissement de Chalon, à la tête du mouvement de vulgarisation des hybrides. Par ses écrits, ses rapports et ses exemples, il entraîne nombre de viticulteurs à sa suite. Au *Péage*, autour de sa coquette habitation, les hybrides montrent leur supériorité sur ce que M. Roy appelle irrévérencieusement «les vieux fusils», Solonis, Riparias et Yorks, dans un corallien peu calcaire, mais défavorable à l'américain par son manque de profondeur et de fraîcheur. A côté de

3

«Solonis» mourants, le *Gamay-Couderc* porte de vieilles greffes de «Caber net», de «Portugais bleu» et d'«Aligoté» très vigoureuses, plus vigoureuses même que celles sur Rupestris. — A noter, en passant, une belle collection de producteurs directs nouveaux, 3/4 de sang Vinifera en général, plus de 150 variétés, dont M. Roy-Chevrier poursuit l'étude avec soin, et dont il ne parlera pas avant plusieurs années.

Dans son vignoble de *Charrecey*, situé dans la vallée de la Dheune, sur des marnes irisées extrêmement compactes et imperméables mais peu calcaires, le Rupestris ✕ York, *1107*, a servi, au début, à la reconstitution de plusieurs hectares. Les pieds-mères étant morts de gommose, le *Gamay-Couderc* lui a succédé. M. Roy-Chevrier a bien voulu m'écrire, tout dernièrement, que, quoique très satisfait de ses greffes sur *1107* et sur *Gamay-Couderc*, il prépare l'achèvement de sa reconstitution sur *1202, 601* et *901*, tant il reconnaît de mérite à ces trois numéros pour ces sortes de terrains mouilleux.

Tout près de lui, son maître et ami, M. Emile Petiot, correspondant de la Société Nationale d'Agriculture, ancien président de la Société de viticulture de Châlon, poursuit à *Chamirey*, depuis 1888, avec la grande compétence et l'autorité qui font de lui un des viticulteurs les plus écoutés et les plus connus, une série d'expériences tour à tour signalées aux Congrès de Montpellier et de Lyon.

«Parmi les divers hybrides essayés, écrit-il lui-même récemment (1), une »sélection s'est faite tout naturellement depuis quelques années, soit au point »de vue de la végétation, de la résistance, de la propension plus ou moins »grande à la coulure, soit surtout à celui de la fructification, qui est actuelle- »ment, à mon avis, le point essentiel: aussi est-il l'objet constant de mes re- »cherches.

»Tout d'abord, les Nos 1613, 1702 et 1103 Couderc me paraissent devoir être »abandonnés, soit parce qu'ils ne donnent pas de greffes assez vigoureuses, »soit parce que leur degré de résistance et d'adaptation au calcaire n'est pas suffisant.

»Il en reste assez de bons:
»1° Aramon-Rupestris-Ganzin N· 1.
»2° 1202 Couderc;
»3° Gamay-Couderc;
»4° 3306 et 3309 Couderc;
»5° 1615 et 1616 (pas plus de 40 o/o de calcaire);
»6° 601 et 603;
»7° 3303 et 3301.
»Je n'ai pas suffisamment étudié les hybrides obtenus par M. Millardet pour »me prononcer sur leur valeur dans un sens ou dans l'autre.
»L'Aramon-Rupestris N· 1 et les hybrides de M. Couderc, que je viens d'énu- »mérer et que je signale tout particulièrement, sont plantés chez moi depuis »bientôt neuf ans, dans une lande aride, sans profondeur (à peine 0m 25), avec

---

(1) *La Vigne Américaine*, N° de décembre 1895, pages 370 et suivantes.

»un sous-sol composé de roches plus ou moins fendillées et comprenant 45 o/o
»de carbonate de chaux.

» Tous ces hybrides m'avaient été envoyés par M. Ganzin et par M. Cou-
»derc, avant qu'ils ne fussent dans le commerce, pour être essayés. C'est pour-
»quoi je les ai placés, comme dans un champ d'expériences public, en un ter-
»rain difficile sous tous les rapports.

»Ces hybrides ont été plantés le jour même de l'arrachage de la vieille vigne
»qui occupait le sol, sans aucun repos, et au milieu de myriades de phylloxe-
»ras ! Depuis cette époque, aucun engrais.

»Ils n'ont pas été greffés, bien entendu, et aujourd'hui ils ne présentent
»aucun signe de dépérissement. Au contraire, leur végétation est presque
»luxuriante ; elle est remarquable, en tout cas, relativement au sol dans
»lequel ils sont plantés.

»Tous les ans, cette pépinière est l'objet de nombreuses visites de la part de
»viticulteurs du Jura, de la Côte-d'Or, de l'Yonne et même de la Suisse.

»J'ajouterai que, dans tous les environs, ces mêmes numéros ne paraissent
»pas faiblir, et cela dans des terrains plus ou moins calcaires. On les regarde,
»au contraire, comme plus vigoureux que les Riparia, les Solonis et les Ru-
»pestris.

»2° *Résistance des mêmes hybrides greffés.* — Ces hybrides semblent devoir
»communiquer à leurs greffons une vigueur plus grande que les anciens porte-
»greffes. Les feuilles du Gamay et surtout du Pineau, greffés sur eux, sont
»d'un vert plus foncé.

»Pour ma part, j'ai un certain nombre de greffes de Pineau fin sur Gamay-
»Couderc, Aramon-Rupestris N° 1 et 1615 ; elles sont à leur 5ᵉ feuille et elles
»sont loin de s'affaiblir, tout au contraire !

»Et cependant voici l'analyse du sol :

Calcaire (Ca O, CO²)........................ ..... 55.21 °/₀
Argile.. 18.36
Sable... 12.64
Peroxyde de fer (Fe²O³)...................... 2.04

»A *Chamirey*, 10 hectares environ de Pineau fin greffé sur ces divers hybri-
»des sont à leur 4ᵉ feuille, luxuriants de végétation ; et le terrain contient
»60 et même 70 °/₀ de calcaire.

»Dans un sol du même genre, 30 ares de Pineau fin, greffé également sur
»tous ces hybrides et faisant leur 3ᵉ feuille, sont d'une vigueur remarquable.

»Il en est de même partout dans les environs.

»*Fructification des mêmes hybrides greffés.* — Tous ces hybrides sont fruc-
»tifères. Greffés en Pineau fin sélectionné, je les classe chez moi, et jusqu'à
»nouvel ordre, dans l'ordre suivant, avec des différences minimes :

»1° Aramon-Rupestris-Ganzin N° 1.

»2° 1615 et 1616 Couderc.

»3° 3303 et 3301 Couderc.

»4° 3306 et 3309 Couderc.

»5° Gamay-Couderc.

»6° 1202.

»7° 601 et 603.

»A noter, pour le Gamay-Couderc, que sa végétation énorme le fait s'em-
»porter à bois et amène une légère coulure à la 3ᵉ feuille. Il devient plus fruc-
»tifère à la 4ᵉ et surtout à la 5ᵉ.

»Le moût du Pineau sur Aramon-Rupestris, 3° feuille, pesait 13° au gleuco-
»mètre cette année.

»On croyait que le Pineau donnait moins de sucre sur cet hybride que sur
»les autres porte-greffes ; or, sur ces derniers et à la 8° feuille, ses moûts ont
»à peine titré les 13° ci-dessus.

»A rejeter, à cause de l'irrégularité de leur fructification, les Nᵒˢ 1613, 1702,
»1305, 504, etc.

»Les Nᵒˢ 1107 et 802 fructifient convenablement, mais ils supportent mal le
»calcaire.

»En résumé, je suis de l'avis de l'honorable M. Roy-Chevrier : «La bonne
»adaptation d'un hybride prime sa résistance.» Elle est même un puissant
»facteur de celle-ci.

»Je crois donc, jusqu'à preuve du contraire, que les quelques cas de dépé-
»rissement, signalés avec les hybrides dont je viens de parler, sont dus à des
»*accidents locaux*, provenant probablement d'un sous-sol tout particulier.
»J'avais d'ailleurs fait cette même observation, en Côte-d'Or, il y a quelques
»années, précisément chez M. le Dʳ Chanut et chez M. Ligor-Belair, son voi-
»sin, à propos de Pineaux greffés sur Solonis.»

Autour de MM. Petiot et Roy-Chevrier, de très nombreux propriétaires
ont essayé, en petit ou en grand, l'usage des franco-américains. Impossible de les citer tous. Bornons-nous à en retenir quelques-uns.

M. le Dʳ Perron, de *Sennecey-le-Grand*, a créé plusieurs champs d'expériences, situés dans les plus mauvais sols de la région :

A *Corlaix*, dans un terrain argilo-calcaire, appelé les Champs-blancs,
dosant 60 % de carbonate de chaux, le Mourvèdre × Rupestris *Nᵒ 1202* est
magnifique, puis viennent : *Jardin 201* (Riparia-Rupestris × Aramon) ;
— *1305* (Pineau × Rupestris) ; — *Aramon × Rupestris de Ganzin Nᵒˢ 1* et
2, presque aussi beaux l'un que l'autre ; — *Gamay-Couderc*, vert, de
vigueur moyenne ; — Riparia × Rupestris *3306* et *3309*, ce dernier d'un
développement plus rapide que *3306* ; — *Rupestris du Lot*, vert, vigueur
ordinaire. — A *Montceau*, dans un terrain silico-calcaire dosant jusqu'à
63 % de carbonate de chaux, appelé le Buisson-Duriau, et où les greffes
sur Solonis et sur Jacquez ont dû être arrachées à leur troisième feuille,
le Mourvèdre × Rupestris *Nᵒ 1202* tient encore la tête, suivi de *Jardin 201*,
de *1305*, du *Rupestris du Lot*, verts et vigoureux, tandis que *3309* et *3306*
sont peu développés, et que *Gamay-Couderc* et l'*Aramon × Rupestris Nᵒ 1*
sont légèrement jaunes, et presque insuffisants dans la partie la plus calcaire.

A *Sennecey*, dans un champ dit Charmiaud, dosant 32, 42 et 66 % de carbonate de chaux, voici ce qu'on observe : dans la partie dosant 32 % de
calcaire, on avait planté, avant l'analyse, des Vialla, des Riparia, des Solonis, des Aramon × Rupestris N° 2. Les Vialla sont morts ; les Riparia se
maintiennent très chlorosés ; les Solonis sont mourants de chlorose et de
phylloxera ; les *Aramon × Rupestris Nᵒ 2* sont beaux. Dans la partie dosant 42 %, l'*Aramon × Rupestris Nᵒ 1* est beau, le *Nᵒ 2* suffisant. Dans la

partie dosant 66 °/₀, l'*Aramon* ✕ *Rupestris* N° *1* lui-même ne se développe pas et se montre insuffisant. C'est encore un sol silico-calcaire, de la même formation géologique que le Buisson-Duriau : Ce fait était intéressant à noter parce qu'il tend à prouver que l'*Aramon* ✕ *Rupestris* N° *1*, pas plus que le *Gamay-Couderc*, ne se plaisent dans les sols silico-calcaires, quand la dose de carbonate de chaux est élevée, alors que, dans des sols argilo-calcaires, ils sont fort beaux, la dose de carbonate de chaux étant la même.

A *Sennecey* encore, en un terrain dosant plus de 60 °/₀ de carbonate de chaux, *1202* est très vert et très vigoureux, à côté de *Gamay-Couderc*, *601*, *603*, verts mais moins vigoureux, de *3309* très vert, de *3306* un peu jaune et insuffisant. M. le Dʳ Perron conclut que le *1202* est le roi des porte-greffes pour cette région, que le *Jardin 201*, déjà signalé par M. le marquis de Dampierre qui, en Saintonge, en fait grand cas, vaut mieux que sa réputation, qu'enfin *1305*, l'*Aramon-Rupestris* N° *1* et *3309* — supérieur, suivant lui, à *3306*, — constituent d'excellents porte-greffes. Quant à *Gamay-Couderc*, M. le Dʳ Perron persiste dans l'opinion présentée par lui au Congrès de Lyon, qu'il y a deux variétés de *Gamay-Couderc* : l'une extrêmement vigoureuse(1), l'autre beaucoup plus faible et presque rachitique. Si cette manière de voir était fondée, elle expliquerait les divergences de vues et les critiques que le *Gamay-Couderc* a soulevées.

A *Montceau-les-Mines*, M. Béraud-Massard s'est livré, dès 1886, à l'étude des hybrides. Dans la commune de St-Maurice-les-Couches, il a établi 4 champs d'essais où le *Gamay-Couderc*, le *1202*, l'*Aramon* ✕ *Rupestris* N° *1* n'ont cessé de végéter admirablement depuis 9 ans : chez M. le comte d'Espiès, dans la même commune, une plantation identique, faite depuis 8 ans, est superbe. A St-Sermin-du-Plain, à Créos, deux autres champs d'essais situés sur deux montagnes très élevées (Rème-Château et Rome-Château) accusent les mêmes résultats : *1202*, *Gamay-Couderc*, *Aramon* ✕ *Rupestris* N° *1* ne laissent rien à désirer, à côté de Riparias-Gloire, de Riparias-Grand-Glabre, de Solonis, de Viallas, qui sont mourants ou périclitent d'année en année.

Chez M. Renevey, à *Arcenant*, qui s'est d'autant mieux occupé des hybrides qu'il a lui-même obtenu un *Chardonnet* ✕ *Rupestris* N° *6* plein de mérites, les mêmes cépages : *1202*, *Gamay-Couderc*, *1305*, *601*, *603*, sont très verts et vigoureux, portent des greffes très fructifères. Le *Rupestris du Lot* y est légèrement chlorosé : sa fructification n'est pas bonne.

A *Rully*, dans des calcaires friables tendres, et dosant près de 70 o/o de

---

(1) M. le Dʳ Perron cite un pied de Gamay-Couderc âgé de 8 ans, portant cette année même (octobre 1895) chez M. Victor Passerat, à Corlaix, plus de 100 mètres de bois greffable.

carbonate de chaux, M. le comte de Montessus et M. Jeunet-Henry ont planté un certain nombre d'hybrides Couderc : *132-5* et *1202* s'y montrent supérieurs aux autres numéros, attestant une fois de plus leur haute résistance à la chlorose calcaire.

M. Debilly, propriétaire à *Chessy*, rendant compte à la Société de viticulture des essais poursuivis par lui en terrain calcaire des étages inférieurs du Jurassique, dit que les Gamays sur *Aramon* $\times$ *Rupestris-Ganzin* et *Gamay-Couderc* tiennent toujours le premier rang pour la vigueur, la verdeur et la fructification ;.... le dernier rang étant occupé par les Gamays sur *Riparia-Gloire, York, Noah* et *Cordifolia-Riparia*. Autre part, en terrain argilo-calcaire, accusant à l'analyse environ 20 o/o de carbonate de chaux, M. Debilly a des greffes sur *Riparia* très chlorosées, à côté de greffes sur *Aramon* $\times$ *Rupestris-Ganzin* absolument vertes. Le maximum étant 20, M. Debilly attribue, en 1895, les notes ci-après aux cépages :

143 A² (Aramon $\times$ Riparia, (Millardet)..............	20
143 B² et 143 A...	19
3309 (Riparia $\times$ Rupestris, Couderc)................	19
101 (Riparia $\times$ Rupestris, Millardet).................	19
33 A² et A³ (Cabernet $\times$ Rupestris, Millardet).........	19
Aramon $\times$ Rupestris-Ganzin N° 1...................	19
141 A' et A (Alicante-Bouschet $\times$ Riparia, Millardet) ...	19
1202 (Mourvèdre $\times$ Rupestris, Couderc).............	19
50 A (Riparia-Rupestris $\times$ Inconnu, Millardet)........	18
Taylor-Narbonne..............................	18
1305 (Pineau $\times$ Rupestris, Couderc)...............	18
33 A et A¹ (Cabernet $\times$ Rupestris, Millardet)..........	17
3306 (Riparia $\times$ Rupestris, Couderc)...............	17
601 (Bourrisquou $\times$ Rupestris, Couderc).............	17
Gamay-Couderc...............................	16
Rupestris du Lot...............................	15

Pour diverses raisons, ont déjà été arrachés, dans ce champ d'expériences, plusieurs hybrides Couderc et Millardet, le Riparia-Ramond, le Berlandieri Bouisset, etc.

En *Mâconnais*, M. de Benoist possède des greffes de 9 ans sur les hybrides que nous venons de nommer, greffes toujours belles et très fructifères en des terrains dosant de 20 à 40 o/o dans le sol et de 60 à 80 o/o dans le sous-sol. A côté des principaux numéros de Couderc, ce riche propriétaire a cultivé également, avec toute satisfaction, plusieurs hybrides de M. Millardet : *33, 143, 108, 141, 139* A et 145.

M. le vicomte de la Chapelle s'est presque uniquement servi du *Gamay-Couderc* dans la reconstitution de ses importants domaines d'*Uxelles* et de *Chapaize*, près *Cormatin*. Les *1202*, les *1305*, *les Aramon* $\times$ *Rupestris N° 1* y tiennent également une grande place. Le terrain, oxfordien, titre de 50 à 55 o/o de calcaire dans le sol et de 55 à 60 o/o dans le sous-sol. M. de la Chapelle reconnaît au *Gamay-Couderc* le défaut de ses qualités : son excès de vigueur le fait parfois s'emporter ; il faut allonger la taille. «La fortune du vigneron, suivant la pittoresque expression de ce viticulteur, est dans sa serpette.»

A Borde, près de *Cluny*, M. de Borde ne cesse de propager le *Gamay-Couderc*, qui paraît être son plant favori. Près d'*Ozenay*, M. Léon Perrin, ancien magistrat, a replanté, de son côté, son vignoble très calcaire de Gratay avec l'*Aramon* × *Rupestris N° 1*, le *1202* et le *Gamay-Couderc*.

Enfin, dans son beau domaine de *Sirot*, près *Cluny*, qui est un modèle de reconstitution scientifique, M. Paul Lauras, ancien préfet, a donné aux franco × américains la place d'honneur. J'avais prié M. Lauras de vouloir bien me communiquer quelques-unes de ses notes ; en réponse, il a eu l'extrême obligeance de m'envoyer un véritable travail d'ensemble sur ses essais. Je tiens d'autant plus à le reproduire ici *in extenso* que la compétence et l'autorité de son auteur ajoutent singulièrement à sa valeur documentaire.

«Dans le courant de l'été 1890, écrit M. Lauras, mon attention avait été très vivement frappée par la lecture d'un rapport de M. Rousseau sur une enquête faite par lui, au nom de la Société de viticulture de l'Aude, sur les causes de dépérissement et de chlorose constatés dans ce département; ce rapport signalait, d'une part, la chlorose des greffes sur Riparia lorsque le calcaire dépassait une certaine dose dans le terrain; il signalait en outre, avec plus de précision qu'on ne l'avait fait jusqu'alors, en citant de très nombreux faits à l'appui, l'influence du greffon sur la végétation des plants greffés; dans le même terrain, avec composition de sol identique et avec l'emploi du même porte-greffe, il avait noté des différences considérables suivant la nature du greffon.

»Peu de temps après, notre excellent collègue et ami M. Roy-Chevrier me communiquait les observations recueillies par M. Couderc, au cours d'une visite d'un des champs d'expériences de l'Ecole de Montpellier, le champ de la Condamine, où neuf des principaux anciens porte-greffes américains avaient reçu et portaient côte à côte chacun 24 greffes de 16 cépages français, dont la grande majorité appartenait à la région du Midi. Ces observations signalaient, entre autres choses, la vigueur exceptionnelle imprimée par certains greffons à certains porte-greffes, et, en l'absence de M. Couderc et de M. Roy-Chevrier, je me fis un devoir, pendant la session de février 1891, de les signaler à l'attention de nos collègues de la section de viticulture.

»Ce que l'Ecole de Montpellier avait fait pour les anciens porte-greffes américains et pour les cépages du Midi, je résolus de l'appliquer aux cépages de la région du Centre, et aux nouveaux hybrides franco-américains, comparés avec les anciens américains. Dès le printemps de 1891, j'organisai mes greffages en vue de ce projet sur une pièce de terre d'environ 1 hectare 30 ares, de composition assez homogène ; j'ai fait planter, en 1892, diverses séries de greffes représentant les principaux cépages de la région du Centre : le Gamay rouge et le Gamay blanc, le Pinot noir et le Pinot blanc (Chardonay), le Beurrot ou Pinot gris, le Noirien de Pernand, cépage qui se rapproche du Gamay pour la quantité et du Pinot pour la qualité, et enfin le Portugais bleu, dont on a tenté l'essai depuis quelques années en Mâconnais. J'y ai ajouté deux cépages de la région voisine du Midi, la Syrah et le Durif, trois cépages de la Basse-Bourgogne, le Cot, le César ou Plant Romain et le Tresseau, et enfin l'Auvernat gris, excellent plant de l'Orléanais, d'une maturité très précoce. L'année suivante, je poursuivais mes essais sur les cépages français, en y ajoutant cinq cépages des plus réputés en Champagne.

»Pour les porte-greffes, environ quatorze ouvrées sur trente étaient plantées en greffes sur hybrides ; la plus grande partie des seize autres était plantée en greffes sur Rupestris-Martin, Ganzin ou autres, avec quelques lignes sur Riparia, Solonis, York et Vialla pour servir de termes de comparaisons. Comme à La Condamine, les porte-greffes coupaient ces plantations de greffons par lignes transversales.

»Dès la première année de plantation, la supériorité des greffes sur hybrides s'affirmait d'une manière éclatante : alors que la moyenne des pousses sur les anciens porte-greffes était de 0^m,50 à 0^m,60 avec des maxima ne dépassant guère 0^m,80, la moyenne des greffes sur hybrides était de 0^m,90 à 1 m. et l'on voyait de nombreuses pousses atteindre 1^m,25, un certain nombre 1^m,50, quelques unes atteignaient 1^m,75 et même 2 m., mesurés le double mètre à la main. Depuis lors, cette supériorité de végétation n'a pas cessé de se faire remarquer chaque année. Cette vigueur n'a en aucune manière nui à la fructification ; la fertilité a été souvent remarquée par les visiteurs ; l'un demandait par exemple comment on avait pu reprocher au Gamay-Couderc de ne pas être un porte-greffe suffisamment fertile, ou même d'être coulard : d'autres, bien souvent, demandaient pourquoi je n'employais pas exclusivement ces porte-greffes dont les qualités se manifestaient d'une manière si indiscutable à côté des anciens américains. Aussi les habitants du pays ne tardaient-ils pas à essayer, à leur tour, l'emploi de ces nouveaux porte-greffes.

»En première ligne, on remarquait le Gamay-Couderc, le 1202, le 1305, le 1615, le 1107, les 601, 603, etc., ainsi que les Aramons $\times$ Rupestris-Ganzin N°s 1 et 2. Je m'étais procuré, en 1889, les deux collections d'hybrides Couderc, porte-greffes et producteurs directs; je m'étais appliqué à les multiplier rapidement, et j'avais employé à la préparation de ce champ d'expériences tous les bois disponibles, en nombre plus ou moins grand, suivant la facilité avec laquelle chaque variété s'était multipliée.

»En 1892, je préparais une nouvelle expérience spécialement réservée au Gamay rouge, le plant spécial du Mâconnais, et, en 1893, je consacrais un hectare à une plantation de Gamay du Beaujolais, où l'on voit côte à côte une quinzaine des meilleurs hybrides Couderc avec les deux hybrides Ganzin et quelques Rupestris-Martin et Ganzin pour servir de témoin. Le terrain, d'après M. Bernard, contenait 16,5 o/o de calcaire, avec sous-sol argileux très compact; il n'était pas nécessaire d'y adjoindre le Riparia. En 1895, à la troisième feuille, les pieds étaient chargés de raisins.

»Enfin, en 1893, je préparais une expérience analogue pour le Pinot blanc (Chardonay) et, en 1894, j'établissais une importante plantation de greffes sur toute la série des hybrides Couderc et Ganzin. Sans vouloir préjuger l'avenir qui réserve souvent des surprises inattendues, je puis déclarer qu'à la deuxième feuille, en 1895, comme du reste dès la première année de plantation, les regards étaient particulièrement attirés par huit lignes de greffes sur 1202 qui dominaient leurs voisines, puis, un peu plus loin, par les greffés sur Gamay Couderc, sur 1305, 501, 601…, j'en passe et des meilleurs, ainsi que sur les deux hybrides Ganzin.

»La même année, j'avais encore, entre autres plantations, reconstitué un hectare en Gamay sur hybrides Couderc, dont 2/5 en Gamay-Couderc, avec quelques lignes de Taylor-Narbonne, de Rupestris ou de Riparia × Rupestris. Là aussi les greffes sur Gamay-Couderc et 1202 tenaient la tête ; mais ce qui provoquait le plus l'attention et la curiosité des visiteurs, c'étaient deux ouvrées environ de Gamay blanc sur Gamay-Couderc, d'une végétation extraordinaire et dont le plus grand nombre des pieds, à leur seconde feuille, portaient 3 ou 4 et jusqu'à 5 ou 6 beaux raisins. C'est le plus curieux spécimen de mise à fruit hâtive constaté dans les plantations de Sirot. Déjà la plantation de 1892 avait annoncé des indications du même genre; mais une grêle désastreuse avait empêché toute observation.

»Il ne faut pas passer sous silence deux faits à l'honneur du Gamay-Couderc et du 1202. En 1890, alors que je ne possédais encore qu'une vingtaine de greffes sur Gamay-Couderc, j'en avais donné quelques-unes à un de mes voisins, cultivateur très intelligent et très observateur, qui se plaignait de la chlorose persistante de ses greffes sur Riparia-Gloire; il les a plantées immédiatement à côté; depuis lors, les greffes sur Riparia ont continué à se chloroser et à se déprimer; les greffes voisines sur Rupestris ont commencé à jaunir à leur tour. Les greffes sur Gamay-Couderc n'ont pas cessé de prospérer et de briller par la verdeur de leurs feuilles.

»La même année 1890 avait vu replanter un clos de près de 2 hectares, un des premiers détruits par le phylloxera, autrefois l'un des meilleurs de la propriété pour la qualité de son vin. Une partie de cette parcelle, analysée depuis lors, contient 37 o/o de calcaire. Elle avait été plantée en greffes sur Rupestris-Martin ; c'était en 1889, époque du greffage, le porte-greffe le mieux coté pour l'adaptation aux terrains calcaires. Dès leur plantation, en 1890, les greffes confiées à cette mauvaise veine de terrain prirent la chlorose, et à la deuxième année, quelques-unes se rabougrirent au point de se faire condamner à l'arrachage. En 1893, un certain nombre de remplacements furent exécutés, partie en greffes sur Gamay-Couderc, partie en greffes sur 1202. Les greffes de la première plantation, à force de soins, ont fini par prendre un peu le dessus, tout en conservant toujours un peu de pâleur. Quant aux remplaçants, il n'y a pas besoin de consulter une liste pour les chercher et s'informer de leurs nouvelles. Leur verdeur signale le changement de porte-greffes et crie bien haut qu'ils n'ont rien à souffrir des 37 o/o de calcaire au milieu desquels ils sont condamnés à vivre.

»Il y aurait encore bien des observations à relever à la suite de l'examen des nouvelles plantations des vignobles de Sirot, où, sur quinze hectares, il n'y a peut-être pas une ouvrée de vigne qui n'ait un enseignement à fournir. A l'époque où je me livrais aux premières recherches et aux premières enquêtes, pour diriger mes travaux de reconstitution, c'était déjà une banalité de dire «il faut faire parler son terrain»; toute banale que soit cette leçon, elle est toujours profondément vraie. Mais, depuis lors, M. Couderc nous a appris qu'il fallait aussi faire parler le greffon, lui demander son avis sur les porte-greffes qui, eux, sont le terrain du greffon.

»C'est l'enquête, par l'intermédiaire des greffons, sur les porte-greffes que j'ai essayé d'entreprendre, en l'étendant non seulement aux cépages mâconnais, mais encore à quelques cépages de régions voisines, sans oublier ni le Cabernet franc, le Cabernet Sauvignon, le Malbec et le Sémillon blanc de la Gironde, greffés en 1890 et plantés en 1891, ni ces Pinot, Vert doré, Plant doré, Pinot gris, qui font la gloire de la Champagne. Je serais heureux si les renseignements fournis par tous ces greffons pouvaient être utiles à quelques uns de ceux qui les emploient, et je remercierais Dieu de ne pas avoir laissé perdre les gouttes de mes sueurs, pas plus qu'il ne laisse perdre les gouttes de sa rosée.»

Les plantations d'hybrides ont pris en Saône-et-Loire un tel essor que la préfecture de Mâcon a cru devoir faire, en 1895, une enquête officieuse auprès des maires et des notables viticulteurs de la région, pour savoir si les résultats obtenus avec les hybrides concordaient avec les espérances et les promesses des premiers expérimentateurs. Le dévoué professeur départemental, M. Battanchon, questionné dernièrement à ce sujet par un de nos amis, lui a affirmé que l'ensemble des dépositions provoquées par cette enquête était favorable aux hybrides. Nulle part, on n'a signalé de dépérissements phylloxériques; tous les anciens planteurs d'hybrides se montrent satisfaits.

En Côte-d'Or, on a fait grand bruit autour de certains cas de dépérissement survenus sur quelques pieds d'hybrides, plus particulièrement de *Gamay-Couderc* et d'*Aramon* ✕ *Rupestris de Ganzin*. On a voulu y voir tout d'abord des dépressions phylloxériques, et les adversaires des hybrides n'ont pas manqué une si belle occasion de crier à leur non résistance. On s'était un peu trop hâté. Ces fléchissements existent, personne ne songe à le contester, mais ils ne sont pas dus à l'action du phylloxera : on en a acquis la preuve, après un examen approfondi. C'est à *Vosne-Romanée*, chez M. le Dr Chanut, chez M. le comte Liger-Belair que ces accidents se sont particulièrement produits, sur un certain nombre de pieds de Gamay-Couderc, greffés et non greffés. Ces Gamay-Couderc sont tous plantés sur un banc de marnes oligocènes, et c'est là, mais là seulement, qu'on les voit se rabougrir et succomber. Or, ce rabougrissement n'est autre chose que le cottis, c'est-à-dire le dernier degré de la chlorose. Comment expliquer cette nocuité particulière des marnes oligocènes pour le Gamay-Couderc, qui n'est pas seul, d'ailleurs, à y jaunir? Il faut y voir, pensons-nous, tout simplement un défaut radical d'adaptation. De même au champ d'expériences de *Thoreys-sur-Nuits* (1), de même à celui de *Larrey*, de même à *Lachapelle-de-Guirchay*.

«Au risque de paraître optimiste, dit à ce sujet M. le professeur Battan-»chon, je crois bien aujourd'hui, comme M. Pétiot et M. Roy-Chevrier, qu'il »ne faut voir là que des accidents *locaux* tout exceptionnels, et, par suite,

---

(1) M. Pierre Viala, ayant reçu l'été dernier de M. le Dr Chanut plusieurs souches de *Gamay-Couderc* mortes ou mourantes dans ce champ d'expériences, a constaté que cette mort ne pouvait être attribuée au phylloxera, dont il n'y avait pas traces, mais seulement à la chlorose. Il a eu l'obligeance de nous faire part de cette constatation. — P. G.

»nullement de nature à alarmer outre mesure ceux qui se disposent à
»reconstituer au moyen de cet hybride réputé (le Gamay-Couderc). Et la
»preuve, c'est la façon dont le Gamay-Couderc se comporte dans les ter-
»rains difficiles de la pépinière départementale de Chambéry dont nous
»avons déjà parlé, puis dans ceux autrement redoutables de *Tout-
Blanc*, etc., etc.».

Région de l'Ouest

Les terrains calcaires occupent en *Maine-et-Loire* une place importante,
au point de vue viticole. C'est sur les coteaux crayeux des environs
d'Angers et du Saumurois que s'étagent les vignes auxquelles le vignoble
angevin est redevable en partie de sa grande réputation. La reconstitution
proprement dite n'y a encore été que fort timidement entreprise ; mais des
tentatives intéressantes y ont été faites, qu'il est bon de rapporter.

Après les Jacquez, conseillés au début et qui ont donné quelques déboires, le *Rupestris du Lot* a pris la tête parmi les porte-greffes employés à la
plantation des sols pierreux, silico-argileux ou argilo-siliceux, pauvres ou
peu fertiles, dérivés du «Dévonien» et du «Silurien», et aussi dans les
argilo-calcaires du «falunien», dosant de 25 à 30 °/₀ de carbonate de chaux.
Au-delà, dans les sols calcaires arénacés, provenant de la désagrégation
des roches cénomaniennes, dosant de 45 à 60 °/₀ de carbonate de chaux, il
s'est chlorosé, greffé et même franc de pied, dès sa première feuille : il ne
saurait être conseillé pour ces derniers sols.

Le Conseil général de Maine-et-Loire a confié à M. Bouchard le soin de
diriger et de suivre les études de reconstitution dans ce département :
M. Bouchard a notamment créé, en 1890, deux pépinières départementa-
les, dont l'une, située à *Chacé*, près Saumur, en un terrain calcaire variant
entre 28 et 42 °/₀ de carbonate de chaux : Un assez grand nombre d'hybrides
et quelques *Berlandieris* y ont été plantés depuis 4, 5 et 6 ans, et pour une
partie greffés en «Pinot blanc de la Loire», «Folle», «Colombar», «Syrah» et
«Cabernet-Sauvignon». Y portent des greffes vertes, vigoureuses et fructifères les hybrides suivants : *3103 (Gamay-Couderc)*; — *1202*; *601*; *603*;
3309, *3306*, *202* (Jacquez × Riparia). — *1615* et *1616* (Solonis ×
Riparia) et *1107* (Rupestris × York) après avoir jauni francs de pied, ont
reverdi une fois greffés. Les *Gamay-Couderc*, conservés francs de pied, se
trouvent placés en un débris de tuffau pur, particulièrement mauvais ;
15 pieds y ont donné, cette année, 1800 boutures greffables de 0,30 centimètres. Quatre greffes de «Pinot blanc» sur *Berlandieri Castel* y sont
très belles, et il est regrettable que le nombre en soit si restreint et ne
permette guère une conclusion positive.

Chez M. Fourmond, à *Rochefort-sur-Loire*, où les hybrides *Gamay-Couderc*, *1202*, *601*, *3306* et *3309* sont cultivés en grandes quantités, *mais*

en terrain non calcaire, le *Berlandieri Castel* et les *Berlandieri Rességuier*
N°s 1 et 2 pourtent aussi de belles greffes de «Chenin blanc», fertiles et
vigoureuses : Ils se trouvent placés, là, dans des schistes. M. Fourmond,
qui fait, chaque année, dans ses pépinières, plusieurs centaines de mille
greffes, a tenté, à diverses reprises, la greffe-bouture sur *Berlandieri* : il a
pleinement réussi une seule année ; depuis, ses échecs ont été si répétés
que, découragé, il a renoncé à utiliser le *Berlandieri*.

Près de *Saumur* encore, dans la commune de *St-Hilaire-St-Florent*,
M. de la Valette possède un champ d'expériences en un sol semblable à
celui de *Chacé*, qu'on pourrait appeler «groies de tuffau», ou *Gamay-Couderc, 1202, 601, 3306* et *3309* sont particulièrement beaux et verts. A
côté, chez M. Coquebert de Neville quelques *Berlandieris Rességuier N°s 1*
et *2*, âgés de 3 ans, méritent d'être signalés. Dans cette même région, au
«Clos de Brulans», à *Souzay*, le *Taylor-Narbonne* greffé en «Cabernet franc»
se montre superbe de végétation et de fructification, en terrain de sable
inerte sur sous-sol de Cénomanien, titrant 61 % de carbonate de chaux ;
au même lieu, en sol argilo-calcaire compact, l'*Aramon* $\times$ *Rupestris N° 1*
se comporte admirablement depuis plus de 5 ans.

Citons encore les plantations d'hybrides faites à *Montreuil-Bellay*, — dans
ce que l'on appelle la Champagne de Montreuil, — par M. de Grandmaison,
député ; celles de M. Lemotheux, à *Champtoceaux*, où des greffes de «Folle»
sur *101¹⁴* de Millardet sont splendides depuis 4 ans, à côté de Jacquez
dépérissant ; celles de M. le comte de Dreux-Brézé, à *Brézé*, où *1202,
Gamay-Couderc, 3309, 132-5* et *132-9, 157-11*, et *41^B*, donnent jusqu'ici toute satisfaction ; celles enfin de MM. Grandin, Daignère, Chaillou,
Chouteau, Massignon : toutes ces plantations, encore jeunes, laissent concevoir de belles espérances.

RÉGION DU SUD-OUEST

Dans tout le bassin de la Garonne du Sud-Ouest, le calcaire est surtout représenté par la molasse du miocène, soit d'eau douce, soit marin,
mais surtout d'eau douce. Le titre de 50 o/o de calcaire y est rarement
atteint ; mais ce qui permet l'adaptation, même à ce titre, pour beaucoup
de plants et à peu près tous les franco-Rupestris, c'est la richesse de cet
argilo-calcaire en phosphore, ce qui ne se retrouve pas dans les craies,
où qu'elles soient. Partout où des échecs un peu sérieux sont survenus,
c'est plutôt à la compacité argileuse qu'on les doit. Ces terrains, longtemps humides, dissolvent le calcaire, même à 20 o/o, et le font absorber
à la vigne américaine. Il est à remarquer, d'ailleurs, qu'à ces endroits-
là, l'ancienne vigne française se chlorosait parfois.

Dans son *domaine des Varennes*, canton de Montgiscard, notre excellent ami *M. Louis de Malafosse*, l'infatigable secrétaire général de l'Union des Syndicats Agricoles du Sud-Ouest, a installé, dès 1887, un champ d'expériences qui s'est accru, chaque année, de créations nouvelles, et comprend aujourd'hui 3 hectares. Les hybrides de M. Couderc, de MM. Millardet et de Grasset, de M. Castel, s'y coudoient, tous plantés sur arrachis de vigne de Riparia, et autres américains, porte-greffes ou producteurs directs, détruits par la chlorose ou le phylloxera. Quatre pieds de Riparia chlorotiques y étaient conservés comme types ; la sécheresse de l'été de 1895 en a fait périr deux. Le coteau, sur lequel ce champ est situé, est composé en entier de molasse ou miocène d'eau douce, dans lequel des bancs de calcaire marneux formant rognons lorsqu'il est délité à l'air, alternent avec de la marne jaune et blanche. Cette marne blanchâtre est un composé de plus de 50 o/o de silice très fine, qui mélangée à 30 ou 40 o/o de calcaire pulvérulent, et à 10 ou 12 o/o d'argile, devient très compacte dès qu'elle est humectée, à cause de la ténuité de la silice. L'analyse faite par M. Gayon, de Bordeaux, accuse:

	Humidité	Argile	Sable fin	Humus	Calcaire fin
Sol.	4,54	31,87	41,53	7,28	14,64
Sous-sol. .	3,54	10,73	53,18	2,48	30 »

Sol supérieur : rognons: 10 ; terre fine: 90 o/o.

64 hybrides de divers âges, greffés ou non greffés, y sont actuellement cultivés: parmi eux: les *Riparia* $\times$ *Rupestris 3306, 3309 et 3310* de M. Couderc ; *1202* ; *Gamay-Couderc* ; *601, 603, 604* ; *3303* de la même collection ; — les *160*, les *33*, les *141* et les *143* de M. Millardet. La plupart des greffes sont en Valdiguier ; quelques-unes en Panse de Provence, d'autres en Muscat de Hambourg ; aucun franco-américain n'a jauni ; tous ont prospéré, qu'ils aient rencontré en sous-sol la marne blanche ou le roc tuffeux. Les plus vigoureux, avec *1202*, ont été les *33*, les *141, 601* et *604;* les plus faibles *Gamay-Couderc* et *3303*. M. de Malafosse a crû observer deux formes dans le *Gamay-Couderc*, venu à deux reprises du dehors : en 1887, dans un envoi fait à la Société d'Agriculture, une seconde fois dans un envoi fait par M. Couderc lui-même. Cette observation confirmerait celle faite en Côte-d'Or. La fructification des greffes a été bonne. A noter les *Rupestris du Lot* très verts, à côté des Rupestris-Martin et Ganzin chlorosés aussitôt greffés.

Dans une commune voisine, *M. de Lapeyrouse* a planté des étendues relativement considérables en hybrides Millardet, plus quelques *Gamay-Couderc*. La nature des terrains est, en bien des endroits, analogue à celle des «Varennes». Très satisfait des résultats obtenus, M. de Lapeyrouse se loue surtout des *33A* (Cabernet $\times$ Rupestris) et des *141A'* (Alicante-B. $\times$ Riparia). Parmi les hybrides Couderc, *1202, Gamay-Couderc, 3306, 3309, 603* sont aussi très beaux.

A *Vieille-Toulouse, M. Paul Jany* a reconstitué 5 hectares en coteau très roide dans une terre blanche variant de 30 à 45 o/o de carbonate de chaux. Ses premiers essais datent de 1888 ou 1889. Le *Gamay-Couderc* y est magnifique comme végétation et fructification. Après lui, M. Jany multiplie *3306* et *3309*, *1202* (Mourvèdre ✕ Rupestris) *601* (Bourrisquou ✕ Rupestris) et *901* (Chasselas ✕ Rupestris). Sur deux points, la plantation jaunit parfois au printemps pour reverdir à l'automne : l'un laisse apercevoir des infiltrations d'eau dans l'argile, et la vigne française s'y chlorosait quelquefois aussi ; l'autre passe pour si mauvais que la vigne française y serait morte deux fois de sécheresse. Sur ces coteaux escarpés, la culture des céréales a toujours été impossible. M. Jany cultive aussi, en espaliers, la collection des producteurs directs de M. Couderc, mais le sol est infiniment meilleur. «Dans les terrains les plus fertiles et favorables aux américains, a bien voulu m'écrire M. Jany, la supériorité des franco-américains est réelle. Chez moi, en terrain de plaine très siliceux, j'ai des greffes sur *Gamay-Couderc*, de 5 à 6 ans, bien supérieures à celles sur Riparia placées côte à côte, quoique celles-ci aient été souvent fumées, et non les autres.»

A *Cabanial*, dans le Lauraguais, où les terres argilo-calcaires d'une fertilité médiocre conviennent mal au Riparia et au Jacquez, M. *Ernest Guiraud* cultive, depuis 1887, avec un succès qui ne s'est pas démenti, les *Aramon ✕ Rupestris de Ganzin N° 1 et 2* et le *Gamay-Couderc*. L'un et l'autre portent des greffes de Côt, de Grand noir de la Calmette, de Mauzac rose, de Valdiguier, qui ne laissent rien à désirer. Dans ces terres où l'argile domine, reposant sur un sous-sol marneux, les grosses racines traçantes de l'*Aramon ✕ Rupestris* et du *Gamay-Couderc* se trouvent dans leur véritable élément.

Au *Mas Grenier*, dans le Tarn-et-Garonne, *M. d'Hébray* possède la collection des hybrides de MM. Millardet et de Grasset qu'il suit, depuis longtemps déjà (1889), en des sols peu calaires, mais extrêmement compacts : Ces argilo-calcaires, qui occupent le haut du domaine, — le reste étant constitué par des *boulbènes* silico-argileuses, — sont remarquables par leur extraordinaire compacité. Les franco-américains y affirment nettement leur supériorité : les *N°s 33 A, A' et A²*, (Cabernet ✕ Rupestris) ; les *141* (Alicante B. ✕ Riparia), les *143* (Aramon ✕ Riparia, le *50* (Riparia — Rupestris ✕ cépage inconnu) ; les *139* ; enfin le *101¹⁴* (Riparia ✕ Rupestris) y sont superbes de vigueur et de fructification. M. d'Hébray a surtout fait porter ses observations sur les terrains compacts et mouilleux, d'une reconstitution si difficile. L'adaptation spéciale des hybrides de *Cinerea* et de *Cordifolia* pour ces sortes de sols ressort très nettement des expériences de M. d'Hébray, aussi bien que de celles de M. Thibaut, dont nous aurons à parler tout-à-l'heure : les N°s *30* (Cabernet ✕ Cinerea) et *142* (Alicante-B. ✕ Cordifolia) de MM. Millardet et de Grasset y sont particulièrement beaux.

Le département du Gers possède trois cent mille hectares environ de terres argilo-calcaires appartenant à l'étage miocène. Leur richesse en carbonate de chaux est fort variable ; elle oscille entre 20 et 60 o/o. Leurs caractères essentiels sont la compacité, l'imperméabilité, et une faible dose d'azote et d'acide phosphorique. Par contre, elles sont riches en potasse. Elles forment tous les coteaux du centre, de l'est, du nord et une partie de ceux du sud du département. Les variétés françaises y croissaient merveilleusement avant l'apparition du phylloxera et donnaient ces bons vins rouges et blancs des côtes du Gers, si recherchés du commerce. Au début de la reconstitution, on essaya d'y cultiver les Riparia sélectionnés, le Solonis, le Jacquez, l'Herbemont, les Rupestris, le York, même le Vialla.

Tous ne tardèrent pas à se chloroser soit avant, soit après le greffage. C'est alors que le très distingué professeur départemental d'agriculture, M. Lacoste, à la gracieuse complaisance duquel je dois tous ces renseignements, entreprit la création de nombreuses pépinières d'expériences avec tous les hybrides que lui envoyèrent MM. Millardet et de Grasset, Couderc et Ganzin. La plus ancienne est située sur les coteaux calcaires qui entourent la ville d'Auch ; elle date de 1888. La couche végétale, jusqu'à 0,50 centimètres de profondeur, présente la composition suivante : en bas du champ 35 o/o ; — au milieu 20 o/o ; — en haut 30 o/o de calcaire. Parmi les variétés et hybrides qui y sont cultivés, il faut mentionner seulement les types qui, par leur rusticité, leur vigueur, méritent de fixer plus particulièrement l'attention.

Au premier rang, l'*Aramon × Rupestris-Ganzin N° 1* ; extrêmement vigoureux : presque indemne de phylloxera ; sarments atteignant 5 mètres de hauteur ; tronc mesurant 30 centimètres de circonférence ; porte des greffes de toute beauté ; se trouve manifestement ici dans son terrain de prédilection.

L'*Aramon × Rupestris N° 2*, très vigoureux aussi, résiste moins bien à la chlorose. Des greffes de 4 ans ont donné, en 1893, la récolte suivante par pied de souche :

Cépages greffons	Aramon × Rupestris N° 1	Aramon × Rupestris N° 2
Grand-Noir de la Calmette.....	6 kil. 250 de raisin	6 kil. 200
Gamay-Teinturier..............	7 kil. —	7 kil.
Castet......................	2 kil. 500 —	2 kil.
Blanquette-Rousse	3 kil. 500 —	3 kil.
Gamay-Picard.................	4 kil. 425 —	5 kil.

Le *Gamay-Couderc* suit les Aramon × Rupestris de près, tant au point de vue de la vigueur que de la fructification. Planté dans le même milieu phylloxéré, depuis 1888, il n'a eu aucune défaillance, malgré la présence d'assez nombreux phylloxeras sur ses racines : il ne paraît pas en souffrir et sa puissante végétation semble augmenter avec les années.

Le *Rupestris du Lot* planté depuis 4 ans sur un îlot dosant de 38 à 42 °/₀ de carbonate de chaux, a jauni avant et après le greffage, tandis que l'Aramon ✕ Rupestris-Ganzin N° 1, à ses côtés, est demeuré immuablement vert. Moins vigoureux que les précédents, il a laissé à désirer sous le rapport de la fertilité. Dans les argilo-calcaires du Gers, il est certainement inférieur à l'*Aramon-Rupestris N° 1* et au *Gamay-Couderc*.

1202 (Mourvèdre ✕ Rupestris) est aussi beau que Gamay-Couderc, mais sans supériorité marquée. Beau également *3303* (Canada ✕ Rupestris) dont les greffes de Gamay-Picard, de Gamay-Teinturier, de Grèce-rouge, sont vigoureuses et fructifères.

Le Riparia ✕ Rupestris *3309* a une végétation exhubérante ; il alimente de fort belles greffes de Folle-Blanche. *3306*, moins vigoureux, paraîtrait plus sensible au calcaire : M. Lacoste donne la préférence à *3309*.

Les *33 A* et *A¹*, *141*, *143*, *41B* de la collection Millardet ont été introduits plus récemment ; ils sont encore à l'étude, mais leur tenue est excellente, avec, semble-t-il, une certaine supériorité pour les *33*. Les *Berlandieris* purs n'ont pas encore été essayés : M. Lacoste paraît croire qu'ils réussiraient dans certaines terres et y rendraient des services, si on arrivait à produire économiquement de beaux racinés. Dans les autres pépinières, les résultats ont été analogues.

Dans ce même département, deux champs d'expériences importants doivent être mentionnés : celui de M. *Thibaut*, à *Maurens*, celui de M. *Delpech Cantaloup*, à *St-Clar*.

Le premier est établi sur des terres, où, dans les points les plus calcaireux, le carbonate de chaux ne dépasse guère 25 °/₀, d'après les analyses de MM. Gayon et Millardet, mais très pauvres en phosphore. C'est leur compacité qui en augmente le danger ; elles gardent l'eau, tant elles ont d'alumine, et sont à ce point difficiles que la vigne française elle-même y jaunissait assez souvent. C'est le type des terres marneuses difficiles du Gers, dont le pouvoir chlorosant est sensiblement le même, d'après M. Millardet, que la craie pure de Juillac-le-Coq (Charente). Aucun américain pur n'y a réussi. M. Thibaut y a, depuis 1888, une certaine quantité de *Gamay-Couderc* qui, sans être très vigoureux, s'y comportent bien. Depuis 1889, il y a, en nombre, toute la collection de MM. Millardet et de Grasset. Nous y retrouvons beaux les plants déjà notés chez M. d'Hébray : les *33*; — les *141*; — les *143* ; — le *41B* (Chasselas ✕ Berlandieri) ; —mais de tous, ce sont les *33* (Cabernet✕Rupestris) qui tiennent la corde, et c'est à eux, ainsi qu'au *41B*, que s'adresse désormais M. Thibaut pour la reconstruction de son vignoble, d'une façon à peu près exclusive. A côté, le *41B*, quoique très vert, est moins développé que les *33*. Le *333* (Cabernet✕Berlandieri) de l'Ecole d'agriculture de Montpellier, sans s'y chloroser, est presque malingre. Quant aux *Berlandieris* purs, ils sont chlorotiques au suprême degré alors que, circonstance frappante, un *33*, immédiatement voisin, est magnifique (1). Les *101* et les *108* n'ont acquis qu'un très faible développement : la terre de M. Thibaut, où tous les Riparias, tous les Jacquez, Solonis, Vialla et York sont morts, et sur l'emplacement desquels ont été plantés les hybrides cités plus haut, résume les deux défauts du *calcaire noyé*, qui est mauvais pour les cépages peu calcaricoles, et de l'action de l'argile, mauvaise pour les américains purs et même les américo-américains, quand elle affecte le caractère de compacité qu'on lui voit d'ordinaire dans les terres froides et noyées du Sud-Ouest : dans ces terres, il n'y a que certains franco-américains qui puissent réussir.

Les champs d'essais de M. *Delpech Cantaloup* se trouvent dans un de ces terrains du Gers, qui sont un calcaire remanié par un diluvium; une sorte de *lehm* des plateaux : là, c'est la ténuité du calcaire qui fait le mal. Ces terres, de nature silico-humo-calcaires, excellentes pour les céréales et les fourrages, se dessèchent beaucoup quand arrivent les chaleurs de l'été, et le phylloxera y est très meurtrier. Bon nombre d'hybrides essayés fléchissent nettement et les américains comme le Rupestris du Lot et le Riparia-Gloire de Montpellier sont à ce point couverts d'insectes que leur végétation en est manifestement affaiblie. Voici les points essentiels de ces divers carrés d'essais :

1° Terre de Frans, en coteau, à pente très vive, exposition du Midi, analyse au calcimètre Bernard: 30 o/o de carbonate de chaux ; sont très beaux: d'abord *1202* (Mourvèdre $\times$ Rupestris) de Couderc ; puis *Aramon $\times$ Rupestris N° 1*, *Carignan $\times$ Rupestris 149* de M. Millardet, *601* et *603* (Bourrisquou $\times$ Rupestris) de Couderc.

2° Terre de Frans, plateau, exposition de l'Est, analyse au calcimètre Bernard: 32,8 o/o de carbonate de chaux. Très beaux: *Aramon $\times$ Rupestris-Ganzin N°s 1 et 2*; — moins beau: *Gamay-Couderc*; — très mauvais: *Rupestris de Lézignan* et *Rupestris de Fortworth*.

3° Terre de Roquevert, coteau, analyse au calcimètre : 28,4 o/o de calcaire: *Aramon $\times$ Rupestris N°s 1* et *Gamay-Couderc* également très beaux.

Enfin, 4° terre de Beauregard, exposition du Midi, pente douce, analyse au calcimètre : 10,4 o/o de calcaire. En tête encore: *1202* de Couderc, puis *160B* (Gros Colman $\times$ Rupestris) de M. Millardet, *Aramon $\times$ Rupestris N°s 1 et 2* et *Gamay-Couderc*; — *Rupestris du Lot* très vert également, mais sarments un peu courts, végétation très inférieure à celle des hybrides précédents. Les *Riparia $\times$ Rupestris 101* sont médiocres, et les *Rupestris $\times$ Riparia 108* mauvais.

---

(1) Il est très important de noter cette mauvaise tenue des *Berlandieris* dans les terres marneuses détestables de M. Thibaut, où sont cependant magnifiques certains franco-Rupestris. Il en faut conclure, ce que nous savions déjà, que le *Berlandieri* n'est pas le plant des terres marneuses humides.

4

Du *Bordelais*, il y a peu de chose à dire. Les terres y sont, en général, peu calcaires; celles qui le sont appartiennent à l'époque tertiaire et sont constituées par les éboulements du calcaire coquillier (eocène marin) qui règne sur toute la rive droite de la Garonne; les plus difficiles n'ont pas été replantées, les autres l'ont été soit avec le Jacquez, soit avec le Solonis, qui s'y sont montrés suffisants. Les quelques expériences faites avec les hybrides sont de date trop récente pour offrir quelque valeur. On paraît plus préoccupé de la plantation des terres froides (*boulbènes*) et des graves à sous-sol de poudingue, que des terrains calcaires peu nombreux et fort disséminés. Les argilo-silices compacts occupent, dans tout l'entre-deux-mers, une surface importante, et le Riparia ne leur convient que fort peu. C'est sans doute au groupe des franco-américains à racines fortes et traçantes — tels l'Aramon × Rupestris N° 1, le *601* de Couderc, le *30* et le *142* de M. Millardet — qu'il conviendra de s'adresser pour leur reconstitution.

Dans le Saint-Emilion, il existe cependant une plantation en terrain calcaire, intéressante à signaler: c'est celle entreprise par *M. Macquin*, propriétaire à *Saint-Georges-de-Montagne*, à l'aide des *Berlandieris*; elle comprend environ 10.000 pieds de *Berlandieris* divers, greffés depuis 6 ans en Cabernet Sauvignon, Malbec et Merlot. Cette plantation, faite sur arrachis de Jacquez et de Solonis morts de chlorose, est réellement très belle, très vigoureuse, très remarquable par son abondante fructification. M. Macquin en est si satisfait qu'il songe à étendre ses plantations de *Berlandieri*, même en sols non calcaires.

Le champ d'expériences de *M. Dethan*, au château de la Côte, par *Bourdeilles* (Dordogne), est en terrain de craie pure (40 à 50 o/o), aussi détestable que les plus mauvaises terres de la Charente. Toute la propriété est à sous-sol de craie, sur laquelle se trouve une couche argilo-siliceuse de 15 à 30 centimètres d'épaisseur. De tous les hybrides de la collection de MM. Millardet et de Grasset, seul le *41*B (Chasselas × Berlandieri) y donne toute satisfaction. Quelques types de *Berlandieris* purs y viennent assez mal et n'accusent aucune supériorité sur les autres franco-américains, tels que *33*, *141*, insuffisants dans les craies de la Côte. Aussi M. Dethan s'est-il décidé, l'année dernière, à employer à peu près exclusivement le *41* pour la reconstitution de tout son domaine; il a établi, dans ce but, une grande pépinière de cet hybride.

Nous arrivons aux *Charentes*, aux terres calcaires par excellence. Ces terres se divisent en deux groupes principaux: les terres de Champagne ou terres crayeuses et terres de groie. — M. Ravaz les définit en ces termes:

«1º *Terre de Champagne.*— Terre végétale gris foncé ou noire, mélangée d'une faible quantité de petits fragments de rocher calcaire tendre et se brisant facilement sous la main ; terre légère, très meuble, profonde de 15 à 35 centimètres ; teneur en calcaire : 30 à 50 o/o. Le sous-sol est un rocher crayeux, friable et se délitant sous l'action des gelées. Il est tantôt formé de fragments irréguliers, dont les interstices sont parfois occupés, au moins près de la surface, par de la terre végétale ; tantôt de plaques épaisses de 1 à 2 centimètres et disposés horizontalement ; dans ce dernier cas, les racines ne pénètrent pas dans le sous-sol ; teneur en calcaire : 55 à 75 o/o.

»2º *Terre de groie.* — Terre légère, de couleur ocre ou rouge plus ou moins foncée, formée de 50 à 70 parties de terre fine et de 30 à 50 parties de petits fragments calcaires, anguleux, dont les dimensions varient de 1 à 3 centimètres. La profondeur de cette couche varie de 15 à 25 centimètres. Teneur en calcaire : 25 à 35 o/o. Au-dessous, le sous-sol est formé de fragments calcaires plus volumineux ou aplatis ou d'égales dimensions dans tous les sens (5 à 10 centimètres). Près du sol, ils sont peu serrés et un peu mêlés à de la terre rouge de la surface. Plus bas (à 35 centimètres), ils sont plus serrés et non entremêlés de terre végétale ; leur surface se décompose et donne naissance à une marne jaunâtre qui les englobe et garnit leurs interstices. D'autres fois, leur décomposition est plus complète. Teneur en calcaire : 45 à 60 o/o. Ces terres sont surtout fréquentes sur les formations jurassiques, mais aussi sur les formations crétacées ; elles se retrouvent dans toute la Bourgogne, etc. Les fortes groies sont plus argileuses ; ce sont des terres à blé. Au-dessous du sol, profond de 20 à 35 centimètres, le sous-sol est marneux.»

Nombreux sont les champs d'essais dans cette vaste région qui touche à deux départements. Il suffit de parcourir la collection des bulletins du Comité central d'études et de vigilance de la Charente-Inférieure pour constater les efforts déployés de tous côtés, les tentatives heureuses ou malheureuses. Nous signalerons seulement les plus anciennement connus et, partant, les plus intéressants.

Celui de la *Grève*, près *Tonnay-Boutonne*, où, à côté du champ d'expériences proprement dit, *M. Daniel Bethmont* a rassemblé avec un soin jaloux une des plus belles collections de vignes américaines qui soient, offre un double attrait : la résistance au phylloxera y a été étudiée en même temps que la résistance à la chlorose, M. Bethmont étant, par les travaux micrographiques qu'il poursuit depuis longues années, mieux placé que la plupart des simples praticiens pour mener de front cette double étude, si délicate et si difficile en ce qui regarde les attaques du puceron. Chaque année, les racines de chaque cépage ont été l'objet d'examens nombreux ; et ce n'est que lorsque leur concordance a été parfaite et unanime à affirmer la résistance, que M. Bethmont s'est cru autorisé à considérer le cépage comme réellement résistant. Il a lui-même indiqué en détail, dans deux articles publiés par la *Revue de viticulture* (1), ses procédés d'investi-

_____

(1) Voir *Revue de viticulture*, tome III, année 1894, Nº 59, et tome IV, année 1895, Nº 99, pages 437 et suivantes.

gation, les résultats de ses recherches et de ses expériences. Ils ont amené l'élimination de plantes souvent remarquables à beaucoup d'égards, offrant, par cela même, une sécurité plus grande pour celles qui lui ont donné toute satisfaction.

Ce champ d'expériences, commencé dès 1879, s'est accru tous les ans et compte actuellement près de deux hectares. Les hybrides de MM. Millardet et de Grasset y ont été introduits dès 1888 ; les hybrides de M. Couderc, en 1891 seulement.

Le sol est une de ces groies du Jurassique supérieur (étage de kimmeridge) comme il en existe beaucoup dans les arrondissements de St-Jean-d'Angély et d'Angoulême, une des plus mauvaises même, formée de petits bancs de calcaires durs à *Ostrea Virgula*, à peine désagrégés. La partie meuble, qui forme la moitié à peine du labour, renferme 30 à 50 o/o et même 60 o/o de calcaire. Le sous-sol, qui commence à 10 centimètres de la surface, dose uniformément 55 à 60 o/o. — Il est formé de gros moellons plats, très serrés, entre lesquels les racines arrivent cependant à pénétrer. Les plants sont en rangées parallèles, et à 1^m 40 les uns des autres en tous sens. La culture s'y fait sans engrais, par trois ou quatre labourages à la charrue, suivis de plusieurs sarclages. De temps à autre, tout le champ est phylloxéré artificiellement au moyen des galles phylloxériques. Voici la liste des plants qui ont résisté aux différentes épreuves :

Dans la collection Millardet : *33 A*, *A'* et *A²* ; — *41* B ; — *141 A¹* ; — *143 A*, *A¹*, *A²* ; — *45 A* : — *101¹⁴* ; — *Colorado* ε ; et parmi les cépages plus nouveaux : *218* et *219* (Rupestris $\times$ Berlandieri) ; *420* (Berlandieri $\times$ Riparia) ;

Dans la collection Couderc : *1202* ; — *Gamay-Couderc* ; — *1305* ; — *601* ; — *3306* et *3309*.

Plus un certain nombre de *Berlandieris* de provenances diverses.

Quelques-unes de ces plantes ont jauni plus ou moins en 1895, à raison des humidités persistantes de la première partie de l'été ; ce sont : les *143* fort légèrement ; le *1305*, les *3306* et *3309* assez fortement. Les espèces que M. Bethmont multiplie et à l'aide desquelles il compte replanter son vignoble sont : *33 A*, *A'* et *A²* ; *Colorado* ε ; — et, sur certains points moins calcaires, *101¹⁴*. — Les plus anciens *33 A* plantés en 1887, ont été greffés au printemps de 1889 ; — les *33 A'* et *A²* ont deux ans de moins. Depuis leur plantation, ces variétés sont belles, malgré quelques cas de chlorose extrêmement légère et passagère ; la fructification des greffes a toujours été soutenue.

Le Colorado ε, planté en 1888 et greffé en 1890, a fait preuve jusqu'ici d'une résistance de premier ordre à la chlorose et au phylloxera. C'est avec les franco $\times$ Berlandieri (*29* A et *41* B) et le *1202* de Couderc, les seules plantes qui, dans l'ancienne collection, n'aient jamais été chlorosées. Il porte de belles greffes fructifères et fournira un excellent porte-greffe pour les groies, d'après M. Bethmont, qui a une très grande confiance en lui. Toutefois, il inclinerait à le considérer comme insuffisant pour les terres purement crayeuses de la grande Champagne. Il en serait de même des *33*, très bons dans les groies, insuffisants dans la craie. Il est intéressant de remarquer, à ce sujet, que le *41*B (Chasselas ✕ Berlandieri), si beau dans les sols purement crayeux est, à la Grève, inférieur comme vigueur et développement aux *33*, au *Colorado* ε, et à certains autres franco ✕ américains. Il est essentiel également de noter la tenue parfaite de *1202* (Mourvèdre ✕ Rupestris) de Couderc, que M. Bethmont a jusqu'ici trouvé irréprochable au double point de vue de la résistance au phylloxera et à la chlorose. Mais il n'est planté à la Grève que depuis 1891, et c'est pour cette seule cause que M. Bethmont ne l'emploie pas à ses reconstitutions, concurremment aux *33* et au *Colorado* ε. Quant aux *Berlandieris* purs, bien qu'ils se soient maintenus verts pour la plupart (et les premiers sont plantés depuis 1884), ils ne lui ont pas inspiré assez de confiance pour qu'il ait crû devoir leur donner place dans ses replantations en grande culture : nous y reviendrons plus loin. — Est-il besoin d'ajouter que tous les Riparias ou Jacquez greffés sont morts très rapidement, et que, francs de pied, ils se chlorosent ? C'est un fait général à toutes les terres très calcaires des Charentes et qu'il suffit de consigner une fois pour toutes, en passant.

Le champ d'expériences de *Conteneuil* est universellement connu : c'est un des plus considérables qui soient par l'extrême variété des hybrides porte-greffes qui y figurent. Depuis 1889, *M. Verneuil*, lauréat de la prime d'honneur, y poursuit avec une méthode, une conscience, une impartialité auxquelles il faut rendre hommage, la recherche des cépages capables de résister aux craies de la grande Champagne, et d'y faire revivre les beaux vignobles d'autrefois. Il a fait lui-même, l'an dernier et cette année encore, de façon très précise, la description (1) de ce beau champ d'expériences ; le mieux serait de la reproduire ici en entier ; faute de place, nous nous contenterons de la résumer.

Situé à *Cozes*, dans un sol similaire à celui des environs de Cognac (craie supérieure), ce champ a été planté sans défoncement ni fumures préalables, sur simples labours d'une vigne de Riparias et Solonis arrachée ; et il a été cultivé depuis à l'ancienne mode charentaise : trois ou quatre façons à la charrue, sans apport d'engrais. Le terrain est peu profond, crayeux, sur sous-sol de pierre blanche, calcaire, molle, poreuse.

Le dosage du calcaire ayant été fait sur un grand nombre de points, — tous les 15 mètres, — a révélé de nombreuses et importantes variations. Il y a, un peu au hasard, de 14 à 48 o/o de carbonate de chaux. On ne peut

---

(1) Bulletin N° 27 du Comité Central d'Études et de vigilance de la Charente-Inférieure, et *Progrès Agricole et Viticole* des 20 janvier et 3 février 1895 ; — et aussi *Revue de Viticulture*, tome V ; N° 113, page 167.

donc juger, dans ce champ, de la valeur d'un cépage qu'en tenant compte de la dose de calcaire du point analysé le plus rapproché.

Les hybrides de la collection Millardet presque au complet ont été plantés les premiers : puis, plus tard, ceux de la collection Couderc ; enfin, plus récemment, ceux de la collection Castel, et quelques hybrides de Terras. La collection comprend 8 à 10 pieds de chaque hybride, greffés en Folle-Blanche, qui est un cépage greffon plutôt chlorosant. Le tableau annexé au travail de M. Verneuil contient des notes sur la résistance à la chlorose de chaque hybride, sur sa vigueur et sur sa fertilité ; il en ressort que dans les parties où le carbonate de chaux atteint 40 o/o environ, aucun cépage pour ainsi dire n'a donné de résultats parfaits. Cela tient évidemment à ce que, par l'effet du hasard de la plantation (celle-ci ayant précédé l'analyse du sol), aucun des hybrides à haute résistance ne s'y trouve placé. Ni le 41B (Chasselas ✕ Berlandieri) de M. Millardet, ni le 1202 (Mourvèdre ✕ Rupestris) de Couderc ne s'y trouvent. Ils sont plus loin : le premier en un point peu calcaire — 14 à 16 o/o — y a une vigueur moyenne, malgré les fouilles répétées et les emprunts successifs pratiqués sur ses racines toujours impeccables. Il est au centre d'une tache phylloxérique intense, et les investigations les plus minutieuses n'ont jamais fait découvrir la plus légère tubérosité ; à peine quelques rares nodosités ont-elles permis de constater la présence du pyhlloxera. Aussi, M. Verneuil considère-t-il le 41 B comme une plante de grand avenir pour les craies charentaises, sa tenue dans les champs d'essais les plus crayeux du comité de Cognac ne laissant subsister aucun doute sur sa résistance à la chlorose laquelle est aussi élevée qu'il est possible. Sa supériorité sur les autres hybrides de Berlandieri , tels que 29 (Malbec ✕ Berlandieri) et 184 (Aramon ✕ Berlandieri), réside dans sa haute résistance au phylloxera ; et c'est en fin de compte avec lui que M. Verneuil est en train de reconstituer un vignoble en sol crayeux dans la grande Champagne de Cognac.

Le second (c'est-à-dire 1202 Mourvèdre ✕ Rupestris de Couderc) se montre très vigoureux mais inégalement fruité, doué d'une forte résistance au calcaire, confirmée par les résultats acquis dans les autres champs du comité de Cognac. C'est, bien certainement, le plus résistant à la chlorose de tous les franco-Rupestris. M. Verneuil a inutilement cherché des tubérosités sur ses racines ; il n'a pu en trouver trace. Le seul reproche qu'il lui adresse, c'est d'être, — greffé en Folle, — d'une fructification inégale ; il en est de même, du reste, à Contencuil pour tous les Rupestris ou hybrides de Rupestris.

Ainsi les 33 A¹, A², verts et vigoureux en un point voisin de 40 o/o de calcaire, sont peu fruités. Le *Rupestris du Lot*, à 25 o/o de calcaire, est un peu jaune et peu fruité aussi.

Dans une zone moins calcaire, les 143, 141, 50, 101¹⁴ de M. Millardet sont vigoureux et fruités. Le *Taylor-Narbonne*, très beau et vert à 16 o/o de calcaire, un peu jaune plus loin, semble souffrir du phylloxera.

Ailleurs, les *601, 603, 604* (Bourrisquou ✕ Rupestris) de Couderc ont jauni à 40 o/o de calcaire. *Gamay-Couderc* est vigoureux, mais porte quelques tubérosités sur ses racines. Le *3309* est très développé et fruité, même à 35 o/o de calcaire, tandis que *3306* est plus faible et légèrement chlorosé.

L'*Aramon* ✕ *Rupestris Nº 1* se comporte très bien, il est très fruité ; mais la zône où il se trouve placé n'a que 15 o/o de calcaire. M. Verneuil, pour la première fois, en 1894, a trouvé de très petites tubérosités sur ses racines. — Notons enfin : le Berlandieri ✕ Riparia Nº *420*, le Rupestris ✕ Berlandieri Nº *219* de M. Millardet, très verts, vigoureux et fruités, déjà signalés à la *Grève*, et un *Colorado* très beau à 20 o/o de calcaire, mais qui n'est pas le *Colorado ε* de M. Bethmont. — Quant aux quelques *Berlandieris* essayés, ils seraient plus intéressants s'ils avaient été sélectionnés : quelques-uns, après avoir été longs à se développer, sont à présent très beaux comme vigueur et fructification.

Le vénéré Président (1) de la Société des Agriculteurs de France, M. le marquis de Dampierre, dont les intérêts viticoles si considérables touchent à plusieurs départements du Sud-Ouest, possède à *la Grolière*, à quelques kilomètres de Jonzac, une vigne d'expériences, en terres dites de *petite Champagne*. Le sol est d'une telle aridité qu'il se refuse à la culture des céréales ; la dose de calcaire y est très élevée. La couche arable, d'une épaisseur d'à peine 15 ou 20 centimètres, est argilo-marneuse ; le sous-sol, jusqu'à une grande profondeur, se compose de craie pure, très friable en certains endroits. Ce champ d'essai a été établi sur les terres qu'avait occupées pendant de longues années un vignoble de 40 hectares, ruiné complètement par le phylloxera depuis quinze ans et dans lesquelles tous les américains essayés jusqu'ici ont tour à tour péri misérablement, — hormis peut-être quelques Solonis qui résistent encore.

Les hybrides essayés ont été plantés en 1891-1892 par rang de 200 mètres environ de long, en boutures, et greffés sur place l'année suivante, uniformément en Folle-Blanche, les deux pieds de chaque extrémité du rang étant seuls conservés non greffés. Ce sont : Jardin *504* ; — *1305* (Pinot ✕ Rupestris) ; — Jardin *201* (Riparia — Rupestris ✕ Aramon) ; *1202*

---

(1) Ces lignes étaient écrites quand nous est parvenue la douloureuse nouvelle de la mort de notre cher Président Nous n'avons rien voulu y changer : quelques jours à peine auparavant, il avait bien voulu, avec cette extrême bienveillance qui était un des traits de son caractère, nous communiquer lui-même, dans son cabinet de travail de la rue de Grenelle, toutes ses notes sur *la Grolière*. Il y avait joint, de vive voix, une foule de renseignements intéressants sur cette région des Charentes qui lui tenait tant à cœur. Qu'il nous soit permis de rendre à sa mémoire un public hommage de nos regrets, de notre gratitude et de notre profond respect.

P. GERVAIS

(Mourvèdre × Rupestris); — Jardin *503*; — *603*; — *1203*; — *601*; — *3303* (Canada × Rupestris); — et *Gamay-Couderc*.

Des notes prises en 1892, 1893, 1894 et 1895, il résulte que les reprises, en général, ont été assez bonnes, que le greffage pratiqué en 1893 a été assez bien réussi; mais qu'en 1894 et 1895, une grande différence s'est accentuée dans la pousse et la fructification de ces diverses espèces. Le *1202* les a dominées toutes par une incomparable végétation : les sarments avaient plusieurs mètres de longueur et tous les pieds étaient couverts de fruits. Après le *1202*, le *1203* (également Mourvèdre × Rupestris) a encore été très bon; puis, assez bons seulement: Jardin *504* et *603*; les autres très médiocres. M. le marquis de Dampierre n'a pas hésité, dans ces conditions, à propager *1202*, et il a entrepris, en 1895, quelques replantations à l'aide de cet hybride. Il a joint tout récemment aux cépages ci-dessus, de nouveaux hybrides : *132-5* et *132-9* (601 × Monticola); *3309* et les *Aramons Rupestris-Ganzin* N°⁵ *1* et *2*.

La vigne d'expériences de l'*Orphelinat agricole d'Angoulême* appartient au crétacé: le sol, de couleur blanchâtre, est composé de nombreuses pierrailles mélangées à la terre fine, avec çà et là des pierres blanches, calcaires, friables, dont la grosseur ne dépasse guère celle d'un œuf. L'ensemble du terrain, à simple vue, paraît uniforme si on en juge par la coloration et aussi par la végétation de la partie non encore plantée; le sommet seul est légèrement plus maigre. La profondeur du sol arable oscille entre 15 et 25 centimètres; le sous-sol est formé de pierres blanches, calcaires, tendres en général (1).

De nombreux échantillons de terre prélevés tous les 5 mètres ont été soumis à l'analyse à l'aide de l'excellent calcimètre Bernard. Voici les résultats obtenus :

> Sol arable. . . . . 50 à 57 o/o de calcaire
> Sous-sol. . . . . 68 à 76   —

Comme ces chiffres l'indiquent, la composition du terrain est très uniforme, et les cépages mis en observation se sont trouvés placés sensiblement dans les mêmes conditions. Bien peu, d'ailleurs, ont réussi, et la plupart de ceux essayés successivement depuis 15 ans ont tour à tour succombé. Plus de cent variétés ont été plantées, les unes comme producteurs directs, les autres comme portes-greffes; ces dernières ont été greffées en Folle, Colombard, Saint-Émilion, Balzac et Malbec.

Presque tous les Riparias, Rupestris, Solonis, Vialla, sont morts ou mourants; seul le *Riparia-Ramond* végète d'une façon médiocre. Il en est de même de quelques pieds de *Berlandieri*, peu vigoureux. Sont bien verts et bien vigoureux le groupe des Riparia × Rupestris *3306*, *3309* et *3310* de

---

(1) Description donnée par M. Prioton, professeur départemental d'agriculture de la Charente. (*Progrès agricole et viticole* du 2 juin 1895).

Couderc; *101* de Millardet (la forme observée et sélectionnée à l'Orphelinat parait différente du *101¹⁴* et a reçu le nom de *101 forme Orphelinat*); puis *Gamay-Couderc;* — enfin, mais ces derniers d'une plantation plus récente : *1202, 601, 1305, 11ᵇ, 141, 143*, *Aramon* × *Rupestris* n° *1* et *Rupestris du Lot*.

Au champ d'expériences de Puybollier, près d'*Hiersac*, M. Joumier, président de la Commission de viticulture de la Charente, a mis à l'étude de nombreux cépages, soumis à la culture ordinairement pratiquée dans la contrée. Le sol est une groie de médiocre qualité, avec une faible couche de terre végétale, dont la dose de calcaire atteint 20 o/o dans le sol et 50 o/o dans le sous-sol. Parmi les hybrides ayant une bonne tenue, on distingue : *1202* ; — *3309* ; — *3103* (*Gamay-Couderc*) ; — *603* (Bourrisqnou × Rupestris). Sont d'une vigueur un peu moindre : *601* et *604* ; — *1305* et *101* de Millardet. Ce qu'il y a de plus intéressant à Puybollier, c'est le « Riparia », auquel M. Joumier a donné son nom (*Riparia-Joumier*), et qui, greffé ou non, se maintient vert et vigoureux, infiniment supérieur aux autres Riparias cultivés dans la même terre de groie. M. Joumier en a donné lui-même une description dans le *Progrès agricole et viticole* (n° du 18 août 1895).

Des champs d'essai que le Comité de viticulture de Cognac a confiés à l'habile direction de M. Ravaz, directeur de la Station viticole de cette ville, trois sont à citer : ceux d'*Angeac*, de *Juillac-le-Coq* et de *Marsville*; tous trois sont situés en terre de Champagne.

Le premier (*Angeac*) comprend des cépages de divers âges, la plantation ayant été faite partie en 1889 et partie en 1891. Le sol dose de 31 à 33 o/o de calcaire, dont 26 o/o d'impalpable.

Il n'y existe pas de plant que l'on puisse qualifier de très vigoureux; parmi ceux qui sont verts et assez vigoureux, on peut citer : le *333* (Cabernet × Berlandieri) de l'École d'Agriculture de Montpellier; — le *Gamay-Couderc;* — l'*Aramon* × *Rupestris* n° *1*; — le *1202;* — le *Berlandieri* de semis, dit *Berlandieri d'Angeac;* — le *1101* de Couderc, — et le *310* (Othello × Rupestris) particulièrement fruité. Comme cépages encore verts, mais peu vigoureux, nous trouvons: les *603* et *604* ; — *1305* ; — *3309*; — *3907* (Bourrisqnou × Rupestris) de Couderc; — enfin quelques *Berlandieris* de semis.

Le second (*Juillac-le-Coq*), installé chez M. Pelletant, propriétaire, qui le cultive lui-même, dose 34 o/o de calcaire dans le sol, dont l'épaisseur ne dépasse guère 20 centimètres, et 80 o/o dans le sous-sol : Il présente un aspect peu satisfaisant; la plupart des plants y ont été sérieusement atteints par la chlorose en 1894; beaucoup le sont autant, sinon davantage, en 1895. On peut cependant noter comme assez beaux : le *41ₑ* (Chasselas × Berlandieri); — le *29* (Malbec × Berlandieri) ; — et le *141 A'* (Alicante-Bouschet × Riparia) de M. Millardet. Le *33ᴬ'*, le *50* (Riparia-Rupestris × inconnu)'; le *10114*; — le *Colorado* Ravaz y sont plus ou moins jaunes.

Le troisième (*Marsville*) est plus jeune que les précédents; le sol dose 47 o/o de calcaire et le sous-sol environ 80 o/o. Malgré ce titrage élevé, l'ensemble est bien meilleur qu'à Juillac-le-Coq et à Angeac. Toutes les greffes sur porte-greffes ordinaires (Riparias, Rupestris, Jacquez, Solonis) sont mortes ou mourantes, cela va de soi. Le cépage indigène lui-même, «la Folle-Blanche», franc de pied, y jaunit sensiblement. Les *Berlandieris* viennent ici en première ligne: quelques formes sélectionnées sont fort belles et vigoureuses ; il en est de même du *333* (Cabernet × Berlandieri) de l'École de Montpellier qui porte des greffes de « Folle » très vertes, alors que ses greffes de « Merlot » sont presque rabougries. Viennent ensuite, très légèrement chlorosés: *41ᵇ* (Chasselas × Berlandieri); — *141* de Millardet, et *Aramon × Rupestris n° 1* ; sont à peine passables : le *Gamay-Couderc*, le *Rupestris du Lot*, le *Rupestris × Riparia 108*, etc.

Ce qu'il importe de retenir, c'est la différence des méthodes culturales adoptées à Marsville d'une part, à Angeac et à Juillac-le-Coq d'autre part, et l'influence qu'elle paraît exercer sur la résistance à la chlorose des porte-greffes essayés. A *Marsville*, suivant les pratiques indiquées par M. Couderc, on se borne à gratter la couche superficielle du sol arable ; les racines du collet de la souche se trouvent ainsi préservées. A *Juillac-le-Coq*, au contraire, on laboure un peu profondément, suivant l'usage du pays, au risque d'endommager ou de détruire les premières racines; — à *Angeac*, après avoir labouré comme à Juillac-le-Coq, on tend à se rapprocher du mode adopté à Marsville (1). Nous allons voir qu'à *Tout-Blanc*, chez M. Couderc, les soins culturaux, intelligemment exécutés, ont donné les plus heureux résultats.

Pour en aborder plus vite l'examen, bornons-nous à consigner les intéressants essais de M. Cousin, au *Vivier*, de M. le D' Larquier, à *Archiac*, de M. Chausserouge, à *Colombiers*, etc.

Il est impossible de pousser plus loin que l'a fait M. Couderc, dans son champ d'expériences de *Tout-Blanc*, l'esprit d'ordre, de méthode, d'analyse, de patientes recherches, d'investigations minutieuses, qui caractérise le célèbre hybrideur d'Aubenas et qui fait de lui à la fois un praticien hors ligne et un savant remarquable. Il convient de laisser à M. Couderc le soin de nous donner lui-même une étude détaillée sur ce beau champ d'expériences, où sont entassés les fruits de vingt années de travail opiniâtre ; mais il est impossible de n'en pas dire ici quelques mots, à

---

(1) Voir, pour les champs d'essais de Marsville, Angeac et Juillac-le-Coq: 1° le Rapport de M. Prioton, professeur départemental, à la Société d'agriculture de la Charente (1895); — et 2° *les Plants américains en sols calcaires*, par M. Degrully, professeur à Montpellier (1895), pages 30 et suivantes.

raison des enseignements qui se dégagent de sa visite, pour si rapide qu'elle soit.

Tout-Blanc comprend deux parties : le champ d'expériences proprement dit, le champ de recherches, qui est comme la porte d'entrée du premier : plus de 22.000 hybrides y sont actuellement soumis à la double épreuve du calcaire et du phylloxera ; les plants qui ont triomphé de l'un et de l'autre sont seuls admis dans le champ d'expériences.

«La méthode (1) employée est la même que celle qui sert à faire faire par le phylloxera, dans l'Ardèche, la sélection des pieds de semis.

»Les graines y sont, on le sait, semées en terrain très phylloxéré en lignes distantes de 1^m,30 et à 8 centimètres sur les lignes. Le phylloxera détruit ou rabougrit, dès les premières années, le plus grand nombre des pieds de semis. Ceux qui restent vigoureux au milieu des autres mourants ont une résistance indéniable. Dans l'Ardèche, cette sélection est faite en terrain argilo-siliceux favorable aux américains. Le champ de recherches de Tout-Blanc est destiné : 1° à vérifier si la résistance au phylloxera est influencée par le calcaire et dans quelles proportions ; 2° à établir sur une statistique sérieuse le degré de résistance des hybrides à la chlorose et au phylloxera. Il est aussi destiné, au point de vue pratique, à distinguer ceux qui sur cet ensemble se montrent tout à fait supérieurs. Ces derniers sont alors essayés par lignes et en culture normale dans le champ d'expérience qui ne recevra plus désormais que ce qui se sera déjà montré excellent dans le champ de recherches.

»Pour établir ce champ de recherches, tous les pieds de semis restés vigoureux dans l'Ardèche, en plein phylloxera, ont reçu un numéro d'ordre ; les boutures ont été coupées et plantées, à Tout-Blanc, suivant des lignes distantes de 1^m,50 à 8 centimètres sur les lignes. L'ordre respectif des pieds-mères a été conservé, de sorte que les lignes de semis sont ainsi recomposées à Tout-Blanc, semblables à celle de l'Ardèche, mais seulement avec ceux des hybrides qui y ont déjà survécu aux attaques du phylloxera et avec un nombre de pieds de chacun proportionnel à la vigueur du pied-mère dans le semis primitif. Le champ de recherches présente donc l'aspect d'une pépinière qu'on laisserait indéfiniment en place. Le rapprochement des pieds permet d'étudier dans un espace relativement restreint (deux hectares) un grand nombre de variétés ; il augmente d'ailleurs l'action du phylloxera et rend la sélection plus rapide et plus complète.

»Les deux premières années, on y étudie la résistance à la chlorose en dehors du phylloxera et l'on en dresse la statistique. La troisième année, le phylloxéra est uniformément introduit par la plantation régulière (tous les 10 mètres), dans les interlignes, de plants chargés de phylloxera. Il y a actuellement dans le champ de recherches de Tout-Blanc, 6.000 hybrides à l'essai depuis trois ans et 16.000 de cette année, soit 22.000. M. Couderc, en me donnant ces détails, m'a fait remarquer que ces 22.000 hybrides sont ceux qui ont résisté suffisamment au phylloxera dans l'Ardèche sur environ 180.000 pieds de semis provenant eux-mêmes de 250.000 graines artificiellement hybridées. C'est 12 o/o environ de pieds résistants en terrain favorable aux américains. Dans les terres de Champagne, très défavorables, cette proportion sera bien réduite encore. Le phylloxera a, en effet, envahi à Tout-Blanc, dès la première

---

(1) Rapport de M. Xambeu, membre du Comité de la Charente-Inférieure, en 1891.

année, six lignes du champ de recherches contiguës à une ligne de plants français phylloxérés du proprétaire voisin, plants morts aujourd'hui. Ces six lignes comprennent 800 hybrides différents. On peut constater qu'à la troisième
année d'invasion du phylloxera plusieurs d'entre eux sont morts ou mourants
notamment tout ce qui contient du sang de *Berlandieri*; qu'un grand nombre
souffre plus ou moins des attaques du phylloxera et que quelques-uns, au
contraire, sont merveilleux de vigueur et ont leurs racines absolument intac-
tes. Ce résultat est d'autant plus frappant qu'il y a un nombre suffisant de
pieds de chaque hybride pour en bien juger. Ce serait nier l'évidence que de
nier la résistance de ces hybrides-là au phylloxera et au calcaire réunis.»

Le sol de *Tout-Blanc* est d'aspect noirâtre, avec quelques granules blancs ;
il a de 10 à 20 centimètres d'épaisseur. Au-dessous, la craie friable occupe
une couche de 20 à 40 centimètres d'épaisseur ; puis c'est la *banche*, banc
de roche compacte dans les fissures de laquelle s'introduisaient les racines
des anciennes vignes françaises. M. Coutagne entre autres en a fait l'analyse suivante :

Sol, surface....................	48,4 o/o de calcaire
Sol à 0ᵐ,25....................	52,8 o/o —
Banche du sous-sol à 0ᵐ,50.....	73,6 —
Terre des fissures de la banche..	66,2 —
Petits grumeaux de cette terre..	74,8 —
Terre des fissures de la banche à 0ᵐ,70....................	71,2 —
Sciure de pierre de taille ex-traite d'une carrière des envi-rons....................	92,8 —

Il ne doit certainement pas y avoir, dans la grande Champagne de Cognac, beaucoup de terrains plus mauvais que celui-là. Quel aspect y présentent donc les hybrides de M. Couderc ? Tout y est jaune, sans doute,
rabougri, et sans vigueur ?

«Au milieu des terres en friche (dit M. Degrully dans la relation qu'il a
»faite de son excursion en Charente au mois d'août 1895) (1), abandonnées
»depuis que le phylloxera y a détruit les vignobles si renommés de jadis,
»*Tout-Blanc* apparait comme une véritable oasis au milieu d'un désert dé-
»solé. C'est si beau, dans l'ensemble, que nous nous demandons tous si la
»reconstitution en terre de Champagne était vraiment aussi difficile qu'on
»s'est plu à le dire ; il n'y paraît pas, en tous cas, à Tout-Blanc, où il sem-
»ble que l'on n'ait que l'embarras du choix entre une foule de cépages
»également verts et vigoureux...... Il y a naturellement à *Tout-Blanc* des
»vignes de divers âges, greffées et franches de pied. Notre attention s'est

---

(1) *Les plants américains en sols calcaires.* — Excursions dans les champs d'expériences
des Charentes et du Midi, par Degrully, professeur à l'École nationale d'agriculture de
Montpellier, directeur du *Progrès agricole et viticole.*

»portée sur les résultats constatés dans la vigne la plus ancienne, qui pre-
»nait cette année sa 5ᵉ feuille en place, la 6ᵉ feuille en réalité, puisque la
»plantation a été faite en greffés-soudés.

Cépages très vigoureux et verts :

»901 (Chasselas × Rupestris).
»601 (Bourrisquou × Rupestris).
»1202 (Mourvèdre × Rupestris).
»3309 (Riparia × Rupestris).
»3103 (Gamay-Couderc). ·
. »1305 (Pineau × Rupestris).
»501 (Carignan-Rupestris);
»3306 (Riparia × Rupestris);
»Monticola vrai;
»Taylor-Narbonne.»

Parmi les hybrides plus jeunes (4 ans de greffe), des numéros véritable-
ment remarquables, hybrides simples ou complexes, il faut citer :

132-5 et 132-9 (601 × Monticola);

157-11 et 157-10 (Berlandieri de las Sorres × Riparia Gloire de Montpellier);

203-85; 203-129; 203-134 (Bourrisquou × Monticola).

193-31; 193-38 (Monticola × Riparia);

Enfin 554-3 et 554-5 (Riparia de semis).

Dans le rapport cité plus haut, M. Xambeu, de son côté, concluait :

«De ces résultats généraux, pour arriver à des conclusions pratiques,
»voici les numéros qui paraissent les plus intéressants :

»1° Parmi les hybrides à demi-sang Vinifera et demi-sang américain :
»1305 (Pineau × Rupestris); — 901 (Chasselas × Rupestris); — 601 (Bour-
»risquou × Rupestris); — 1202 (Mourvèdre × Rupestris); — 3103 (Gamay-
»Couderc),..

»2° Parmi les hybrides à un quart de sang Vinifera et trois quarts de
»sang américain : 132-5 et 132-9 (601 × Monticola). M. Couderc les consi-
»dère comme ce qu'il y a actuellement de mieux pour la généralité des
»terres de Champagne, comme résistance au phylloxera et au calcaire
»réunis. Les Folles greffées sur 132-5 sont particulièrement remarquables.

»3° Parmi les hybrides d'américains entre eux : 157-11 (Berlandieri de las
»Sorres × Riparia Gloire de Montpellier)...

»4° Certains *Monticola* purs, qui à *Tout-blanc* sont beaucoup plus vigou-
»reux que les *Berlandieri* purs et sont restés constamment verts dans les
»plus mauvais points.»

Ces résultats ont été, il faut se hâter de l'ajouter, puissamment aidés
par les procédés de culture adoptés par M. Couderc, et dont le rôle ici a été

sans nul doute considérable. En premier lieu, et avant d'établir sa plantation, M. Couderc a divisé son domaine en deux parties : l'une a été défoncée profondément, l'autre seulement béchée, sans ramener la craie sur
le sol. Le carré défoncé a accentué la chlorose au début, comme il fallait
s'y attendre, puisque en mélangeant le sous-sol à la couche superficielle,
le pour cent de calcaire s'est trouvé sensiblement accru, mais il a du même
coup donné une plus grande vigueur ; le second a accusé moins de jau-
nisse, mais la végétation y est demeurée moyenne et la fructification mo-
dérée : finalement, l'avantage est resté au défoncement.

En second lieu, M. Couderc ayant remarqué que la charrue détruisait
une grande partie des racines qui, dans ces sols de faible profondeur, ten-
dent toujours à vivre dans la couche superficielle, a supprimé complètement les labours ordinaires. Il se borne à faire pratiquer de simples binages à fleur de terre, juste suffisants pour détruire les mauvaises terres et
ameublir le terrain.

Le succès obtenu par cette méthode mérite d'être cité comme exemple,
et il semble bien que ce soit là celle qu'il convient d'adopter désormais
pour la replantation des terres crayeuses.

M. Castel a fait, l'été dernier (août 1895), une excursion dans les Charentes. Il a visité les principaux champs d'expériences de cette région, notamment ceux que nous venons de parcourir. Il a résumé son impression
en une note qu'il a bien voulu nous communiquer et que voici dans sa
partie essentielle :

Visite dans les Charentes (août 1895)

«Sol, 30 o/o ; — sous-sol, 65 o/o de calcaire.
»Cépages les plus remarquables comme porte-greffes :
» 41ᴮ (Chasselas-Berlandieri)   de MM. Millardet et de Grasset.
»33 A² (Cabernet × Rupestris)   —
»141 A' (Alic.-Bousch. × Riparia)   —
»1202 (Mourvèdre × Rupestris   de M. Couderc.
»601 (Bourrisquou × Rupestris)   —
»1305 (Pineau × Rupestris)   —
»901 (Chasselas × Rupestris)   —
»132-4 —, 132-5, 132-9 (601 × Monticola)   —
»157-11 (Berlandieri × Riparia   —
»Plus un certain nombre de cépages à l'étude, appartenant aux collections de M. Millardet et de M. Couderc, et inutiles à relater ici.

Nous venons de voir que M. Degrully, professeur à l'Ecole nationale
d'agriculture de Montpellier, directeur du *Progrès agricole et viticole*, a fait
aussi l'été dernier (août 1895) une tournée en Charente; il était accompagné
de nombreux viticulteurs, accourus des divers points de France ; il a visité

en détail les champs d'expériences que nous venons d'examiner ; et il a rendu compte de cette visite et de ses impressions dans une série d'articles documentés, publiés par le *Progrès agricole*. Les résultats, — sauf sur quelques points de détail insignifiants, concordent avec les renseignements ou documents par nous recueillis ; les uns et les autres ne sauraient être contestés.

Telle est, rapidement esquissée, la physionomie générale des essais et des plantations faits dans les terrains calcaires des diverses régions viticoles. On remarquera le petit nombre de ceux qui ont porté sur les *Berlandieri*, et que tous s'accordent à mettre en vedette une certaine quantité de cépages, toujours les mêmes, qui, dans des proportions variables, se sont constamment montrés supérieurs aux autres. Il y a, pour ainsi dire, unanimité dans cette désignation.

Ce sont : Dans la collection de M. Couderc : *1202* (Mourvèdre $\times$ Rupestris) ; — *601, 603* et *604* (Bourrisquou $\times$ Rupestris) ; — *Gamay-Couderc* ; — *901* (Chasselas $\times$ Rupestris) ; — *1305* (Pineau $\times$ Rupestris) ; — *501* (Carignan $\times$ Rupestris) ; — *132-5* et *9* (601 $\times$ Monticola) ; — *3306* et *3309* (Riparia $\times$ Rupestris) ; —

Dans la collection de MM. Millardet et de Grasset : *33 A, A'* et *A²* (Cabernet $\times$ Rupestris) ; — *141 A'* (Alicante-Bouschet $\times$ Riparia) ; — *143 A* et *A'* (Aramon $\times$ Riparia) ; — *50* (Riparia-Rupestris $\times$ inconnu) ; — *41 B* (Chasselas $\times$ Berlandieri) ; — *101¹⁴* (Riparia $\times$ Rupestris) ;—

Les *Aramon $\times$ Rupestris de Ganzin Nᵒˢ 1* et *2* ; —

Le *Taylor-Narbonne* et le *Rupestris du Lot*.

Convient-il de retenir tous ces cépages ? de les offrir tous au choix des viticulteurs ? Il y aurait, suivant nous, de sérieux inconvénients à le faire : D'abord, plusieurs d'entre eux paraissent avoir à peu près les mêmes aptitudes, les mêmes facultés d'adaptation, par exemple, *Gamay-Couderc, 1305* et l'*Aramon $\times$ Rupestris Nᵒ 1* pour les terrains mouilleux et compacts ; — *601* et *901* pour les terres les plus argileuses ; — *141* et *143* pour les calcaires secs, meubles et légers. Puis, dans une même hybridation (*601, 603, 604*), c'est le numéro le plus méritant qui doit être seul conservé.

Enfin, — et c'est là la considération la plus importante, — il ne faut pas méconnaître que ce qui déroute le public viticole, ce qui l'effraie un peu et le paralyse, c'est, d'une part, le numéro de l'hybride, d'autre part, la grosse quantité de numéros au milieu desquels il essaie en vain de se retrouver. Ces chiffres lui font l'effet d'un épouvantail.

Pour le numéro de l'hybride, il n'y a rien à faire, puisque c'est ce numéro qui constitue la personnalité même de l'hybride. Il ne suffirait pas de dire : Mourvède $\times$ Rupestris ou Chasselas $\times$ Berlandieri pour désigner l'un ou l'autre de ces hybrides, attendu que cette appellation s'applique à toute une série, à toute une filiation d'hybrides provenant du même semis ; il faut dire *1202* ou *41* B . Quant à la quantité même de ces numéros, il est utile, il est indispensable de la restreindre dans la plus large mesure possible, en ne conservant plus que ceux dont la supériorité s'est manifestée partout d'une façon si constante qu'il y aurait injustice et dommage réel à les écarter.

Nous n'entendons pas, pour cela, jeter la moindre défaveur sur les autres, ni prétendre qu'il faille les exclure de la reconstitution : on pourra continuer à propager des plantes qui, comme *Gamay-Couderc, 603, 604, 1305, 901, 501* de M. Couderc, *50* de M. Millardet, ont fait leurs preuves et donné, en maints endroits, de bons résultats. Mais, au risque d'éliminer des cépages méritants, il importe, dans l'intérêt même de l'œuvre que l'on se propose, de ramener à quelques sujets de tout premier ordre le nombre des porte-greffes proposés. Peut-être, au surplus, trouvera-t-on encore par de nouveaux métissages, dans la voie féconde de l'hybridation, des cépages plus remarquables encore ; c'est le secret de l'avenir, et pourquoi attendre davantage ?

Dans ces conditions, et comme conséquence de tout ce qui précède, nous pensons qu'on pourrait définitivement proposer :

1o *Pour les terrains peu ou moyennement calcaires :*

Les Riparia $\times$ Rupestris Nos 3306 et 3309 de M. Couderc ; — 101[14] de M. Millardet ; — le Rupestris du Lot ; — le Taylor-Narbonne ; —

2o *Pour les terrains nettement calcaires :*

1202 (Mourvèdre $\times$ Rupestris) ; — 132-5 et 132-9 (601 $\times$ Monticola) ; — 601 (Bourrisquou $\times$ Rupestris) ; — de M. Couderc.

33 A, A[1] et A[2] (Cabernet $\times$ Rupestris) ; — 141 A[1] (Alicante-Bouschet $\times$ Riparia) ; — 143 A et A[1] (Aramon $\times$ Riparia) ; — de M. Millardet.

Aramon $\times$ Rupestris No 1, de M. Ganzin.

Colorado ε, de M. Bethmont.

3o *Pour les terrains crayeux :*

41 B (Chasselas $\times$ Berlandieri), de M. Millardet.

132-5 et 132-9 (601 $\times$ Monticola) ; — 1202 (Mourvèdre $\times$ Rupestris), de M. Couderc.

Ces conclusions, qui résultent des faits, qui en sont l'évidente et indéniable consécration, ne sont cependant pas admises par tout le monde. On ne conteste plus la résistance à la chlorose des cépages ci-dessus ; on conteste leur résistance au phylloxera, — non pas celle des américo-américains sur laquelle tout le monde est d'accord, mais seulement celle des franco-américains, c'est-à-dire, en fait, des plus intéressants. — On ajoute que, cette résistance étant douteuse, il est préférable de s'adresser, pour la reconstitution des terrains calcaires, à un cépage américain dont les aptitudes pour ces sortes de sol sont bien établies, au *Berlandieri*. D'où une double question : 1o les hybrides franco-américains *ci-dessus* sont-ils résistants au phylloxera ? 2o Le *Berlandieri* leur est-il supérieur ?

CHAPITRE III

Résistance au Phylloxera des hybrides proposés

Sur quoi se fonde-t-on pour contester la résistance au phylloxera de ces hybrides franco-américains? Sur certains cas particuliers et exceptionnels de défaillance ou de fléchissement, sur des expériences de laboratoire dont les déductions rigoureuses vont manifestement à l'encontre des faits établis. Ce n'est pas, je l'avoue, sans quelque hésitation que j'aborde l'examen de ce sujet: j'y sens mon insuffisance ; et j'y trouve pour principaux contradicteurs deux hommes auxquels leurs travaux, leurs recherches, leurs découvertes ont créé une place incontestée aux premiers rangs du monde scientifique viticole. Je m'honore d'être l'ami de M. Pierre Viala, et j'ai pour M. Ravaz l'estime que commandent les études si méritantes qu'il poursuit avec tant de zèle depuis de longues années. Qu'il me soit permis cependant, puisque notre manière de voir est différente, d'exposer mes idées, et pour en assurer, s'il est possible, le triomphe, de combattre les leurs. Je le ferai avec tout le respect que m'inspirent des convictions que je sais sincères.

On peut poser en principe qu'il n'existe pas de cépage américain (à part peut-être le *Vitis Rotundifolia*) dont la résistance intrinsèque soit absolue. Il n'en est pas qui, *dans des conditions données*, ne puissent souffrir des attaques de l'insecte. Tous portent, ou plus exactement peuvent porter, des phylloxeras ; seulement ils en vivent ou ils en meurent, suivant d'abord qu'ils sont doués d'une résistance propre qui résulte de leur constitution spéciale, de la contexture de leurs racines, et ensuite qu'ils sont placés dans des milieux plus ou moins favorables et soumis à des influences également favorables ou défavorables. La résistance réelle d'un cépage est la résultante, la somme de ces divers facteurs. Tout le monde sait que les types sélectionnés de Riparia, de Rupestris, ont par eux-mêmes une haute résistance qui va presque jusqu'à l'immunité. Mais cela n'est pas rigoureusement exact partout et toujours, et il peut se faire que des conditions particulières, que des circonstances données viennent modifier assez sensiblement cette résistance. Qui ignore que le greffage est, pour les vignes américaines, une cause d'affaiblissement ? Qu'une mauvaise adaptation est aussi une cause d'affaiblissement? Qu'une affinité défectueuse en est une autre ? Or, toute cause d'affaiblissement a une répercussion sur la résistance propre, personnelle en quelque sorte du cépage: elle l'atténue, elle la diminue. Supposez ces trois causes d'affaiblissement réunies à la fois sur un même cépage : osera-t-on dire que sa résistance n'en sera pas modifiée ?

Il suit de là qu'il y a deux sortes de résistance : la résistance *théorique*, qui peut être *absolue*, la résistance *pratique*, qui est toujours *relative*.

On est bien revenu de cette croyance à une sélection naturelle ayant agi, en Amérique, depuis l'origine, pour fixer le caractère de résistance des vignes américaines ; et l'on a été amené peu à peu à y substituer, par la sélection culturale, une théorie de résistance relative, rarement complète, souvent suffisante, quelquefois insuffisante. Nombreux sont les procédés par lesquels cette résistance phylloxérique a été jusqu'ici appréciée.

M. Millardet a proposé de classer les cépages suivant le nombre de lésions qu'un examen attentif des racines permettrait d'y constater. Il établissait ainsi une sorte d'échelle de résistance (1) permettant de caractériser rapidement, *et d'une façon aussi approximative que possible*, la résistance *intrinsèque* d'une vigne quelconque, c'est-à-dire la fréquence et la gravité des lésions produites par le phylloxera sur ses racines. Il classait ces lésions en deux groupes principaux : nodosités, tubérosités, suivant qu'elles s'attaquaient aux grosses racines, aux charpentes maîtresses de la vie souterraine de l'arbuste, ou qu'elles intéressaient seulement le chevelu, les radicelles. Il attribuait enfin aux cépages étudiés des coefficients de résistance, ayant, d'ailleurs, bien soin de marquer que ces coefficients représentaient non pas des expressions toujours absolues, mais des probabilités pouvant, dans certains cas, amener à une quasi certitude.

Ce système fut, après M. Millardet, repris et appliqué par MM. Viala et Ravaz qui l'étendirent et ne craignirent pas d'en tirer des conclusions plus rigoureuses en attribuant à toute une espèce le même coefficient de résistance. L'échelle de résistance donnée par eux dans leur livre *l'Adaptation* a, sur plusieurs points, été démentie depuis par les faits. On s'est emparé de ces contradictions pour critiquer une méthode que beaucoup se sont refusé à admettre. Ces derniers, au nombre desquels il faut citer M. Couderc, ont préféré demander la mesure de la résistance phylloxérique à une série d'observations pratiquées sur un certain nombre de

---

(1) Le premier, croyons-nous, M. Couderc a employé cette expression de *échelle de résistance*. — « Les vignes américaines, disait-il, en 1890, dans sa conférence de Chambéry, pourraient être cataloguées par ordre de résistance, sinon une à une, du moins par »groupes...... Cette disposition par ordre croissant s'appelle une *échelle de résistance*, »puisque la résistance s'y élève comme par degrés...... Ce classement n'est pas absolu ; il »doit être considéré plutôt comme *théorique* et généralisant l'ensemble des observations. »Dans chaque cas particulier, *la nature du terrain* et d'autres causes plus secondaires, les »*soins culturaux*, le *climat*, peuvent changer l'ordre du tableau, *élever parfois la résistance*, mais, le plus souvent, *précipiter de plusieurs échelons quelques-unes des espèces* »et même rendre leur résistance, toujours très réelle au fond, sans valeur au point de vue »agricole. »

pieds disséminés dans des vignes de cépages divers, préalablement soumis à une phylloxération intense, et plantés dans une foule de conditions les plus diverses, tantôt à côté de vignes peu résistantes, tantôt à côté des Rupestris et des Riparias les plus indemnes; tantôt en sol siliceux, tantôt en sol calcaire, tantôt greffés, tantôt non greffés. M. Couderc a contesté, en outre, que la même note de résistance pût s'appliquer à toute une espèce; il voit dans le maximum de résistance la propriété individuelle de chaque cépage Il a formulé cette opinion, dès 1887, au Congrès de Mâcon, en disant: «La haute résistance est l'attribut non de l'espèce botanique, mais de l'individu dans l'espèce.»

Ces différences de systèmes, ces divergences de vues, prouvent qu'en réalité on n'est pas encore parvenu à mesurer exactement le degré de résistance des vignes américaines. C'est une lacune que nos savants combleront, sans doute, un jour; les vains efforts tentés jusqu'ici témoignent, en tous cas, des difficultés de la tâche et démontrent quelle prudence extrême doit présider aux jugements portés parfois hâtivement sur tel ou tel cépage.

Sans vouloir prendre parti entre eux, on peut cependant considérer que le système des échelles de résistance offre des éléments d'appréciation très sérieux, quand il s'exerce sur des vignes plantées en grande culture ou tout au moins placées dans les conditions les plus voisines de cet état. Mais que faut-il en dire quand il est pratiqué dans un milieu *artificiel*, s'écartant complètement des conditions habituelles du *milieu cultural*, sinon qu'il n'offre plus alors que des données sans précision aucune, purement fantaisistes?

C'est cependant sur une base aussi fragile que s'appuie M. Ravaz dans une étude que la *Revue de Viticulture* a publiée dans son numéro du 16 novembre dernier. M. Ravaz a mis en pots certains hybrides franco-américains à côté de Riparias Grand Glabre et de Solonis. Il a constaté que les Riparias présentaient d'assez nombreuses nodosités, alors que les hybrides n'en présentaient aucune; en revanche, ces derniers avaient des tubérosités quand les premiers en étaient complètement exempts. Il rapproche ces résultats de ceux obtenus en plein champ; même concordance: pas de tubérosités sur les Riparias qui n'ont que des nodosités, point de nodosités sur les franco-américains qui n'ont que des tubérosités. Il en conclut que les hybrides franco-américains ne sont pas résistants (pages 466 et 467), et il prononce en bloc et sans appel leur définitive condamnation. Eh! quoi! sur une simple expérience en pots, accompagnée de quelques constatations en plein champ? Et parce que, dans cette expérience, tel ou tel hybride, Gamay-Couderc ou 1202, aura présenté quelques tubérosités, au lieu de se couvrir de nodosités, comme le Riparia? M. Ravaz se borne à citer Gamay-Couderc, 1202, Aramon-Rupestris N° 1. N'a-t-il appliqué son système qu'à ceux-là, ou y a t-il soumis pareillement les plants que M. Millardet présente comme résistants, après les avoir soumis à des épreuves, à des vérifications répétées qui peuvent bien être mises en parallèle avec celles de M. Ravaz? Si oui, il eût été intéressant de savoir si 33 A et A', si 141, 143, pour ne citer que ceux-là, ont observé la même attitude que 1202, Gamay-Couderc et l'Aramon $\times$ Rupestris de Ganzin, si, comme ceux ci, ils se sont tubérosés? Quelques pages plus loin, il est vrai (*Revue de Viticulture* du 21 décembre, pages 585 et 586), M. Ravaz convient que, soit en plein champ, soit en pots, il n'a pu jusqu'ici découvrir aucune tubérosité, ni même aucune nodosité sur le 41 B de Millardet. Celui-là serait donc le seul hybride résistant? Mais M. Ravaz ajoute : « Je n'ai à invoquer contre »cette vigne que des raisons théoriques. Il m'a passé par les mains un »grand nombre de Vinifera-Berlandieri. Presque tous avaient une résistance »très faible. Cela me fait douter de la valeur des *exceptions*.» Comme rigorisme scientifique, c'est complet, et l'on ne saurait aller au delà.

Mais enfin, ces tubérosités dont on s'empare pour exécuter en masse tous les hybrides, quels phénomènes morbides ont-elles déterminé chez les plants qui les portaient? En étaient-ils affaiblis? En sont-ils morts? C'est cela qu'il faudrait nous dire ; car, en définitive, quand on parle des lésions déterminées par le phylloxera, que ce soient des nodosités, que ce soient des tubérosités, l'essentiel est d'en déterminer l'importance et l'étendue. Tout est là. On prétend bien que des nodosités on n'en a cure ; on les dit vénielles. Les tubérosités sont-elles donc toujours mortelles?

Pour nous, les *tubérosités se doivent juger au caractère des désordres qu'elles entraînent. La nécrose des lésions, la pourriture des racines, voilà la véritable pierre de touche de la résistance phylloxérique.* De ce qu'une racine sera tubérosée, s'ensuit-il que les tissus vont se *putréfier*, l'organe périr? Et si la tubérosité n'a pas pour conséquence la pourriture, comment déterminer rigoureusement la souffrance qu'elle impose à la plante? Comment mesurer, même au microscope, l'affaiblissement qu'elle produit, et si elle en produit? Qui peut affirmer que la plante ne trouvera pas en elle-même les forces nécessaires pour panser sa blessure, pour cicatriser ses plaies, sans en souffrir? Qui de nous ne connaît le cas des racines américaines, piquées par l'insecte, s'exfoliant elles-mêmes, et constituant rapidement un tissu nouveau et rajeuni pour remplacer l'ancien? S'il suffisait de constater des tubérosités sur un porte-greffe pour le disqualifier, combien en conserverions-nous? M. Ravaz n'est-il pas contraint lui-même d'avouer que l'on trouve des tubérosités sur le Riparia? «Il m'a paru, écrit-il (*Revue* »*de Viticulture*, 16 novembre 1895, page 462), que les tubérosités des Ri-»parias étaient plutôt petites, peu pénétrantes, généralement limitées à la »couche superficielle de l'écorce. Et je ne connais pas de Riparias qu¡ »soient morts du phylloxera.» *Généralement*, dit M. Ravaz. C'est donc qu'il pourrait en être autrement? Et que ces tubérosités *petites* et *peu pénétrantes* aujourd'hui peuvent être *demain grosses* et *nombreuses*? Dans le domaine des hypothèses, il n'y a pas de limite, en effet, et le mieux est de rester sur celui des faits. Si M. Ravaz ne connaît pas de Riparias qui soient morts du phylloxera, connaît-il des *1202*, des *Aramons* ✕ *Rupestris N° 1*, des *33 A et A'* de Millardet, des *601* de Couderc qui en soient morts? Si oui, pourquoi ne pas le dire? Si non, pourquoi cette conclusion si différente tirée du même fait, suivant qu'elle se rapporte aux hybrides ou au Riparia?

En réalité, la résistance au phylloxera est trop étroitement, trop intimément liée à l'*adaptation* et à l'*affinité,* pour qu'il soit possible de disjoindre, de disassocier ces divers éléments, sans s'exposer à ne voir qu'un des côtés du problème, à n'en examiner qu'une face, *en une matière essentiellement complexe, où rien n'est absolu, où tout est relatif et contingent.* Pour arriver à porter un jugement équitable, certain, il faudrait amalgamer tous les facteurs qui, *dans la pratique,* concourrent à constituer la résistance réelle d'un plant: climat, sol (compacité, humidité, profondeur, sécheresse), adaptation, greffage, affinité, pour ne parler que des éléments principaux que nous connaissons, et sans tenir compte des autres causes d'affaiblissement encore ignorées ou insoupçonnées.

L'adaptation! une des causes qui influent le plus sur la résistance d'un cépage, au point qu'on a pu dire, avec raison, qu'en certains cas, l'adaptation prime la résistance. Comment expliquer, sans l'adaptation, le fait de vignes greffées sur cépages américains, déclarés et reconnus aujourd'hui peu résistants, comme le Clinton et le Jacquez, vignes dont la prospérité, depuis plus de quinze ans, ne s'est pas démentie un seul instant? Faut-il rappeler encore les exemples, si souvent cités, du domaine de Mézouls, près Mauguio (Hérault), presque tout entier reconstitué sur Clintons, et dont la végétation, la fructification même égalent celles des vignes greffées sur Riparia? Du domaine de Verchant, près Montpellier, où les Aramons sur Jacquez dépassent, en vigueur et en fructification, les Aramons greffés tout à côté sur Riparia?

Le greffage! dont l'effet déprimant s'exerce d'une façon d'autant plus sensible que l'adaptation est défectueuse.

L'affinité! dont l'influence capitale détermine, en certains sols, la vie ou la mort du porte-greffe.

Eh bien! s'il est vrai que l'adaptation, que le greffage, que l'affinité jouent un tel rôle dans la *résistance pratique* d'un plant, comment les résultats d'expériences, qui n'en tiennent aucun compte, pourraient-ils être concluants? Que penser des échelles de résistance qui les ont soigneusement écartés, sinon qu'elles constituent des documents approximatifs, sans base certaine, utiles sans doute à consulter, mais exposés à être journellement démentis par les faits. Et si tout cela est vrai d'une façon générale, combien n'est-ce pas plus vrai encore quand il s'agit des terrains calcaires, où l'action déprimante du carbonate de chaux amoindrira

fatalement la force de résistance d'un cépage calcifuge comme le Riparia,
tandis qu'il restera presque sans action sur un cépage calciphile comme
certains franco-américains? Qu'on compare, *dans un pareil sol*, en grande
culture, le degré de résistance d'un Riparia greffé et d'un hybride, comme
le *1202* de Couderc ou le *33 A* de Millardet, également greffé, surtout si
l'on emploie un greffon à pouvoir chlorosant, comme le Petit-Bouschet
ou le Balzac, et l'on verra de quel côté seront les nodosités ou les tubérosités les plus nombreuses.

M. Couderc, le premier, a remarqué que, dans les sols défavorables,
l'*américain greffé ne réagit pas à son ordinaire* et n'émet pas de nouvelles
racines sous l'action des piqûres du phylloxera. « Si l'on fouille, dit-il (1),
»des cépages très résistants, des Riparias par exemple, à ces points rabou-
»gris, on ne trouve que très peu de phylloxeras et, à un examen superfi-
»ciel, on dirait qu'il n'y en pas. En examinant plus attentivement, on dé-
»couvre des piqûres tout à fait aux extrémités radicellaires. Ces piqûres
»n'ont pas provoqué des nodosités, mais un brunissement et parfois un
»creusement de la spongiole; et la racine, bien que nette et exempte de
»piqûres et de nodosités sur tout son parcours, se trouve frappée comme
»d'atonie par le seul fait de la destruction de sa *partie active*, — peut-être
»aussi par une absorption particulière du calcaire par la blessure —, et
»elle n'émet pas de nouvelles radicelles..... Dans les terrains favorables,
»au contraire, sous l'action de la piqûre, la radicelle se renfle en bec d'oi-
»seau *avec pointe active*, ou, si elle est détruite, émet au-dessus de la piqûre
»des tubercules qui s'allongent vite en radicelles nouvelles. Dans les deux
»cas, les *parties actives* sont blanches, avec pilorhize couleur jaune citron,
»et non brunâtres, comme dans les terrains calcaires. »

M. Couderc a observé, en outre — et il convient de lui laisser la priorité et
la paternité de cette remarquable observation — qu'en sols calcaires, *la
réaction* n'est pas la même chez les franco-américains que chez les américains purs, et que la piqûre *sans réaction* est le mode d'attaque le plus
mauvais et le plus dangereux.

Au surplus, les expériences et les conclusions de M. Ravaz sont en con-
tradiction si formelles avec celles de MM. Millardet et Couderc qu'il faut
bien parler un peu de ces dernières. Elles valent qu'on s'y arrête, ne fût-
ce que pour les mettre en parallèle avec les premières, et bien établir avec
quelle minutieuse conscience ces célèbres hybrideurs ont poursuivi la recherche des hybrides dont la valeur est si contestée. Laissons la parole à
M. Millardet lui-même :

«Plantés en 1884 (écrit-il en parlant de quelques-uns de ses hybrides,
»notamment des *33*, des *141*, des *143*), à l'âge d'un an, dans un terrain
»argilo-siliceux occupé jusque-là par une vieille vigne qui venait de mourir

---

(1) Conférence de Chambéry, 1890.

»du phylloxèra, ils se sont trouvés complètement envahis par l'insecte de
»la deuxième à la troisième année. A la quatrième, des fouilles attentives
»furent faites au pied des plus belles souches, et un premier coefficient de
»résistance fut donné. En même temps, des boutures de ces mêmes plantes
»étaient placées dans une autre vigne morte également du phylloxera, et,
»dès le mois de juin de l'année suivante, des poignées de racines phylloxé-
»rées étaient déposées sur leurs racines. Au mois de juin de l'année 1891,
»des fouilles furent faites par M. de Grasset et moi et les racines observées
»avec le plus grand soin, soit sur les plantes mères, soit sur celles venues
»de boutures et infectées, et de nouveaux coefficients de résistance donnés.
»Au mois de septembre de la même année, une nouvelle visite des plus
»minutieuses fut opérée soit dans ces deux mêmes plantations de Laval,
»soit dans ma phylloxérière de Talence (près Bordeaux). En 1892, de nou-
»velles fouilles furent faites au pied de toutes ces plantes soit à Laval, soit
»à Talence, soit à Cozes (Charente-Inférieure) dans le champ d'essai de
»M. Verneuil.

»En 1893, de nouvelles recherches ont été faites, d'août à octobre, sur
»l'état des racines de tous ces hybrides, déjà sélectionnés, soit dans le
»Midi, soit à Bordeaux, soit dans les Charentes. Un très grand nombre
»d'entre eux est sorti victorieux de cette nouvelle épreuve, rendue, sem-
»ble-t-il, décisive ou à peu près par l'intensité de l'invasion phylloxéri-
»que, intensité préparée par la sécheresse et la chaleur de l'année
»précédente, et portée pendant cette année 1893 à son maximum par
»suite de conditions climatériques exceptionnellement favorables au phyl-
»loxera.

»En 1894, les racines de toutes ces mêmes plantes ont été examinées à
»nouveau, avec le plus grand soin, soit sur des plantes greffées en euro-
»péens, soit sur des plantes non greffées, à Laval, à Talence, chez MM. Ver-
»neuil et Bethmont en Charente-Inférieure, dans les milieux les plus
»phylloxérés, et leur parfait état a été constaté.

»Enfin, cette année même (1895), des observations semblables ont donné
»les mêmes résultats..... Tous ces porte-greffes..... se sont donc montrés jus-
»qu'ici absolument indemnes de toute tubérosité dans les plantations où
»ils ont été examinés. Cette immunité persistera-t-elle dans tous les sols
»où on pourra les placer et sous toutes les conditions climatériques ? Les
»épreuves auxquelles nous les avons soumis semblent le promettre et nous
»osons l'espérer. L'affirmer serait peut-être aller au-delà des limites de
»l'induction scientifique.

»Ainsi donc, aucun de ces porte-greffes n'a un coefficient de résistance
»inférieur à 7,5 ; aucun peut-être n'a 10 ; la plupart ont des coefficients
»intermédiaires à ces deux extrêmes.»

Dans l'échelle de résistance qu'il a établie, en vue de caractériser d'une façon aussi approximative que possible la résistance *intrinsèque* d'une vigne quelconque, M. Millardet donne comme coefficients de résistance :

9,5 — Quelques Riparias, Rupestris, Cordifolias, etc. ;

8,5 — Le plus grand nombre des Riparias, Rupestris, Cinereas, etc. ;

8 — Beaucoup de Riparias, Rupestris, etc.;

7,5 — Riparia-Gloire, Rupestris-Taylor, les Aramon $\times$ Rupestris-Ganzin, le Rupestris-Phénomène ;

7 — Berlandieri du Dr Davin, Riparias et Rupestris médiocres, quelques Champins, les Aramon $\times$ Rupestris de Ganzin et le Rupestris-Phénomène ;

6 — Solonis ; — York-Madeira ;

5 — Herbemont ;

4,5 — Jacquez ;

4 — Vialla ;

3,5 — Taylor ;

0 — Variétés européennes.

M. Millardet, on le voit, considère la résistance de ceux de ses hybrides cités plus haut comme égale à celle des bonnes variétés de Riparia et de Rupestris. Ce n'est pas là précisément la conclusion de M. Ravaz.

M. Couderc, lui, soumet ses hybrides aux épreuves suivantes : Il fait d'abord le semis des graines devant donner naissance aux hybrides en un terrain phylloxéré et très favorable au phylloxera ; le semis est fait très serré : 8 centimètres sur des lignes distantes de 1 mètre. L'année même du semis, il procède à la phylloxération artificielle des jeunes pieds, en plaçant contre le pivot de chacun d'eux des fragments de racines phylloxérées de Clinton, de Taylor ou autre cépage américain qui se charge de phylloxeras. Un semis de vignes françaises ainsi phylloxéré meurt très uniformément quelques mois après. Il laisse ensuite le phylloxera faire son œuvre et éliminer lui-même ses victimes. L'effet est si prompt que la plupart du temps, dès la seconde année, ce qui n'est pas résistant a succombé ou s'est rabougri. Des fouilles régulièrement faites sur les jeunes pieds permettent de distinguer ceux qui ne portent pas de phylloxeras, et dont la vigueur ou le développement tranchent sur le dépérissement des autres. Ceux-là sont marqués avec soin, et les boutures en provenant sont plantées soit au milieu de plantations anciennes, émaillées de taches phylloxériques et de préférence au centre même de ces taches, soit à côté de Riparias ou de Rupestris les plus résistants. Ils sont encore phylloxérés artificiellement et leurs racines soumises à de fréquentes investigations. Victorieux de cette seconde épreuve, ils sont envoyés à «Tout-Blanc», dans le beau champ d'expériences, dont nous avons fait plus haut une description sommaire. Là, dans les craies meurtrières, — au double point de vue de la chlorose et du phylloxera, — le puceron achève son œuvre de sélection naturelle. Ceux qui sortent indemnes de cette dernière étape peuvent, à bon droit, être considérés comme résistants. Il suffit de voir à «Tout-Blanc» la tenue des *1202*, des *601*, *603*, *1305*, *501*, *Gamay-Couderc*, *132-5* et *9*, et tant d'autres, pour être convaincu de cette résistance. Il suffit également de voir à Montfleury, près Aubenas, sur les coteaux calcaires et secs du domaine de M. Couderc, les vieux pieds de *Gamay-Couderc*, *1202*, etc., âgés de plus de 12 ans, toujours magnifiques de vigueur et de développement, pour fortifier encore cette conviction.

A cette méthode des semis serrés en place, M. Couderc en a joint une autre : le premier, il a imaginé cette plantation en pots, qui l'avait fait appeler par M. Champin, dès 1879, «l'homme aux petits pots». Il plante dans un pot ou une petite caisse un pied phylloxéré de Clinton ou de Taylor ; il met au-dessus une petite couche de terre argileuse, puis du terreau. Dans ce terreau, les graines de vigne sont semées à cinq centimètres en carré. Par des pincements réitérés, le plant *phylloxérant* est mis dans l'impossibilité de se développer outre mesure. En automne, on vide le tout dans de l'eau qui délaie la terre, et l'on peut ainsi examiner jusqu'aux plus minces radicelles. Tout ce qui porte du phylloxera est rejeté ; les autres seuls sont essayés à demeure. Cette *phylloxération* en pots a très bien réussi à M. Couderc, auquel elle a servi à s'assurer rapidement du degré de résistance des vignes américaines ou des hybrides.

Tous les semis de M. Couderc ont été religieusement conservés, aussi bien les pieds rabougris que ceux qui sont vigoureux, les uns entremêlés avec les autres. Chaque pied est actuellement encore à sa place avec une indication de l'état du phylloxera et des notes précises sur ses qualités ou ses défauts.

De leur côté, MM. Ganzin et Castel se sont livrés à des séries d'expérimentations, de recherches, de constatations, dont l'ensemble les a amenés à considérer comme résistants les cépages qu'ils préconisent. «Chez moi, a »bien voulu m'écrire M. Ganzin, l'Aramon × Rupestris n° 1 ne porte pas »de tubérosités. Chez M. de Grasset, soumis à la phylloxération, il était, »après six ans, encore *indemne*, c'est-à-dire sans nodosités ni tubérosités. »Ces deux faits, négatifs, n'infirment en rien les faits positifs Ravaz, Millar-»det, Verneuil, sous la réserve qu'il n'y a pas erreur sur l'identité du cé-»page tubérosé. Mais ils semblent permettre de supposer qu'il faut des cir-»constances particulières pour que la tubérisation se produise.

»En somme, justifiée ou non, mon opinion est que l'Aramon × Rupes-»tris-Ganzin n° 1 est parfaitement et pratiquement résistant. La prudence »m'oblige de croire qu'il est possible que, dans de rares conditions don-»nées, cette résistance comporte des défaillances; mais elle m'oblige aussi »à admettre la même possibilité pour tout porte-greffe. — Nous voulons, à »tout prix, de l'absolu dans des choses essentiellement relatives et con-»tingentes! »

M. Couderc et MM. Millardet et de Grasset ont ainsi procédé sur des milliers et des milliers de plants : M. Couderc en est, je crois, pour sa part, à plus de 300.000 semis, à plus de 22.000 hybrides. Sur cette masse de créations, quelques sujets à peine ont surnagé, résistant victorieusement à toutes les épreuves; ce sont, à proprement parler, des exceptions; mais l'insuffisance ou la très faible résistance de ceux qui ont disparu doit-elle faire *douter des exceptions?* Ce serait aller à l'encontre même de la théorie de l'hybridation, consacrée par l'universel assentiment des savants et des viticulteurs, et formulée en ces termes d'abord par M. Couderc (Congrès de Mâcon, 1887), auquel en revient incontestablement la priorité :

«1° La vigueur des hybrides est très grande, en général supérieure à la »moyenne du père et de la mère ;

»2° L'immunité phylloxérique (*M. Couderc entend par là la plus haute ré-*»*sistance*) est plutôt l'attribut de certains individus dans l'espèce que de »l'espèce elle-même ;

»3° Les individus indemnes hybridés entre eux donnent en majorité des »hybrides indemnes ;

»4° L'hybridation d'un cépage non résistant par un cépage indemne ou »très résistant peut produire des individus indemnes.» —

Ensuite par M. Viala et le Congrès de Montpellier :

«L'hybridation d'une espèce résistante avec une espèce de résistance »nulle peut donner le plus souvent des variétés non résistantes et, dans »des cas exceptionnels, des hybrides bien résistants.»

De son côté, M. Millardet écrit :

«Les hybrides entre espèces américaines de vignes ont été une précieuse conquête pour la viticulture. Ils constituent, en effet, des porte-greffes nouveaux plus ou moins intermédiaires entre les espèces composantes et réunissant par conséquent, jusqu'à un certain point, les propriétés particulières à ces espèces : vigueur, résistance au phylloxera, reprise au bouturage, aptitude à vivre dans certains sols, à recevoir la greffe, etc. Dans quelques cas même, un résultat à peu près inattendu s'est produit, par l'apparition, chez ces hybrides, de propriétés qui manquent à leurs parents : c'est ainsi que les hybrides entre *Riparia* et *Rupestris* ont une haute résistance à la chlorose calcaire, alors que chacune de ces deux espèces prise séparément est très sensible à cette affection. Les hybrides entre *Rupestris* et *Arizonica* semblent être dans le même cas.

»On était en droit d'attendre des résultats non moins importants du croisement de nos cépages européens avec les espèces américaines, ces dernières donnant à l'hybride la résistance au phylloxera et au mildiou, et la vigne européenne leur transmettant son adaptation au sol et au climat et leur donnant, en outre, une affinité pour le greffon européen qui ne peut exister au même degré chez les porte-greffes purement américains. Non seulement l'expérience a réalisé ces promesses théoriques, mais en outre, il s'est produit dans ces hybridations, ainsi que dans celles dont il vient d'être question, un fait heureux qu'il était difficile de prévoir. Dans quelques cas, en effet, la résistance de la vigne américaine passe intégralement dans l'hybride sans être affaiblie par la non-résistance du parent européen. Les premiers exemples de ce phénomène sont dus à M. Ganzin ; nous avons eu l'occasion d'en constater un certain nombre d'autres, M. de Grasset et moi, au cours de ces dernières années.

»Ainsi, il ne faut pas s'étonner que certains de ces hybrides soient présentés comme aussi résistants que les meilleurs *Riparias* et *Rupestris* ; car non seulement ces faits sont affirmés par les observateurs les plus dignes de foi, mais encore ils peuvent être constatés de nouveau chaque jour...»

Dans une communication faite à l'Académie des sciences, il y a un peu plus d'une année, M. Millardet n'hésitait pas à déclarer que «dans les croi- »sements entre les espèces américaines résistantes et notre vigne euro- »péenne, un fait inattendu s'est produit qui a exercé l'influence la plus »heureuse sur la reconstitution de nos vignobles. *La résistance du parent* »*américain*, dans certains cas, relativement très rares il est vrai, *a passé* »*intégralement dans l'hybride* (1), sans rien perdre de sa valeur par le mé- »lange du sang américain avec le sang européen non résistant ; de telle »sorte que nous avons actuellement, par exemple, des *Cabernet-Rupestris*, »des *Aramon-Riparia*, exactement aussi résistants que les meilleurs *Ru-* »*pestris* et *Riparias*.» — L'Académie des sciences ne serait pas sans doute sans éprouver quelque étonnement d'apprendre que M. Ravaz conteste aujourd'hui les affirmations si nettes, si catégoriques de son délégué, le savant professeur de Bordeaux.

Les faits permettent-ils, du moins, de douter des *exceptions*, — les faits qui sont, au demeurant, nos maîtres à tous, et contre lesquels aucune théorie ne saurait prévaloir ? — S'il est vrai que les hybrides proposés ne soient pas résistants, les preuves ont dû bien certainement ressortir des plantations, aujourd'hui nombreuses, entreprises avec ces hybrides : Où sont ces preuves ? Où a-t-on constaté des cas de mort, des dépressions phylloxériques, des fléchissements dus, sans contestation possible, à l'action du phylloxera ? Pour nier la résistance pratique, après la résistance théorique, il faut des faits : où sont-ils ?

Ici, les insinuations vagues ne suffisent plus ; il faut préciser. Il faut des faits, et des faits dûment établis, dûment contrôlés, accompagnés des documents ou des éclaircissements indispensables à en assurer l'authenticité, l'indiscutable sincérité : (noms des propriétaires, — sol, — origine des plants, — pratiques culturales, — examen et étude des lésions phylloxériques, etc). — A coup sûr, il a pu, il a dû fatalement se produire, dans des conditions particulières de sol et de climat, des défaillances indi-

_____

(1) Ces mots ne sont pas en italique dans la communication ; ils ont été intentionnellement soulignés par nous.

viduelles de plants isolés ou peu nombreux ; mais de véritables taches phylloxériques, des fléchissements nettement caractérisés sur des plantations d'un même cépage représenté par une certaine quantité de pieds, je n'en connais pas ; et, s'il en existe, je demande qu'on les signale.

On n'a pas manqué, au surplus, de signaler ailleurs les exemples bien connus, bien avérés, des fléchissements phylloxériques survenus dans des plantations de Riparias. Cela prouve-t-il, le moins du monde, que le Riparia ne soit pas résistant ?

Ce que l'impartialité nous oblige à reconnaître, c'est que la plupart de ces hybrides *portent du phylloxera* ; mais *tous* les américains n'en portent-ils pas ? Le Gamay-Couderc notamment en porte au moins autant que le Rupestris du Lot et le Taylor-Narbonne dont les radicelles sont souvent chargées d'insectes. Seulement, ni les uns ni les autres ne paraissent en souffrir beaucoup. Bien que je n'aie pas poursuivi d'études sur le phylloxera dans mon champ d'expériences, j'ai cependant pratiqué des fouilles assez fréquentes, en 1893, en 1894, en 1895. En 1893, les pieds-mères des Gamay-Couderc et des Riparia × Rupestris étaient criblés d'une telle quantité de galles phylloxériques que la végétation en fut presque paralysée. J'avais quelques craintes, je l'avoue. pour la bonne tenue des plants en 1894 ; il n'en fut rien, mais il était naturel que les racines portassent des phylloxeras : M. Paulsen, professeur de viticulture à l'Ecole royale de Palerme, délégué du gouvernement italien en France, qui visitait à ce moment mes plantations, pratiqua des fouilles ; j'en pratiquai également : les *Gamay-Couderc* présentaient d'assez nombreuses nodosités, de rares tubérosités ; — les *Rupestris du Lot* beaucoup de nodosités ; — les *1202* étaient indemnes ; — les *601* indemnes ; — les *603*, quelques nodosités. A l'automne de cette même année 1894, nous examinâmes avec M. Pierre Viala des racines de *Gamay-Couderc* greffés-soudés en pépinière, en terrain extrêmement phylloxéré. Il y avait quelques tubérosités ; après examen, les plants furent remis en place et arrachés de nouveau au printemps : à ce moment ils ne présentaient plus trace de tubérosités ; aucune lésion ; aucune nécrose. Toutes les racines étaient saines et vigoureuses, mais le liber s'était exfolié, et un nouveau tissu avait remplacé l'ancien.

Qu'en conclure, sinon que c'est là la manifestation d'une haute résistance ? De mes propres observations, des renseignements très précis recueillis de toutes parts, j'ai cru pouvoir conclure que le *Gamay-Couderc* — ici absolument indemne, là légèrement attaqué, sans présenter jamais de lésions nécrosées ou de pourriture des racines — aurait une résistance bien supérieure à celle du Solonis, voisine de celle du Rupestris du Lot. L'Aramon × Rupestris-Ganzin n° 1 devrait être mis au moins sur le même pied que le Rupestris du Lot, ainsi que l'indique M. Millardet. Quant à 1202, 601, 132-5 et 132-9 de Couderc, à 41 *B*, 33 A et A', 141 A' et 143 A et A' de Millardet, ils présenteraient une résistance analogue à celle des meilleurs Riparias et des meilleurs Rupestris. J'insiste sur *1202* dont on a suspecté la résistance. Dans les terrains les plus détestables de la Charente (au point de vue du phylloxera, s'entend), chez M. Verneuil à Cozes, chez M. Bethmont à la Grève, le 1202 est pour ainsi dire indemne. Ni M. Verneuil, ni M. Bethmont, qui m'ont fait l'honneur de me communiquer leurs notes, n'ont jusqu'ici trouvé de tubérosités.

Faut-il, malgré tout, — ne fût-ce que pour éviter de voir mon silence fâcheusement interprété, — revenir encore ici sur la légende du pied de Gamay-Couderc et du pied de 1202, mourant à l'Ecole d'agriculture de Montpellier sous les attaques du phylloxera ? Est-ce bien la peine vraiment, après l'explication et la dénégation opposées à ce fait par M. Couderc, au Congrès de Lyon où il a contesté l'identité de ces cépages ?

En résumé, M. Millardet affirme la résistance de ses hybrides (1) ; M. Couderc affirme la résistance des siens ; M. Ganzin affirme la résistance de ses Aramon ✕ Rupestris. Aucun fait sérieux n'est venu, jusqu'ici, leur donner un démenti. Il ne semble donc pas téméraire de conclure que *réellement* et *pratiquement* ces cépages sont résistants. Si l'on invoque pour les combattre des «raisons théoriques», il sera permis de dire que c'est aussi sur des «raisons théoriques» que s'appuient ceux qui persistent encore aujourd'hui à contester la valeur et l'efficacité de la reconstitution sur cépages américains.

---

(1) Qu'on ne se méprenne pas sur notre pensée : Nous n'entendons pas dire que M. Millardet, non plus que M. Couderc, affirment la résistance de leurs hybrides en général, mais seulement la résistance de *certains* de leurs hybrides, et en particulier de ceux proposés dans cette étude.   P. G.

CHAPITRE IV

Du Berlandieri

Les contradictions manifestes qui surgissent entre la *théorie* et la *pratique* dans la question de la résistance au phylloxera, nous les retrouvons, sous une autre forme, dans la question du *Berlandieri*.

Il faut rendre cette justice à M. Pierre Viala qu'il n'a jamais varié. Il a toujours indiqué le *Berlandieri* comme le plant type, le cépage idéal des terrains calcaires; et, sans se laisser rebuter par les difficultés de tout ordre, qui, dès l'origine, se sont opposées à la propagation de cette vigne, il est parvenu, peu à peu, avec une ténacité, une persévérance, une souplesse qu'on ne saurait assez admirer, à donner un corps à sa doctrine, à l'animer de son souffle, à lui communiquer enfin une apparence de vie, qui trompe et séduit même les plus prévenus.

Ce n'est pas d'aujourd'hui qu'on parle du *Berlandieri*. On en a toujours beaucoup parlé; mais, à part quelques rares initiés, personne dans le grand public viticole ne le connaissait. Il était, pour la masse des viticulteurs, comme ces divinités charmantes ou terribles de l'Inde et de l'Extrême-Orient, que les épaisses et brillantes tentures du sanctuaire dérobent aux regards des fidèles. Mais M. Viala, qui est le grand-prêtre du *Berlandieri*, n'a eu de repos qu'il n'eût déchiré les voiles, et le Dieu est apparu. Nous le connaissons tous maintenant, — tous ou à peu près tous, — et je dois constater que bien peu d'entre nous ont, jusqu'ici, été convertis.

Que M. Viala veuille bien me pardonner cette inoffensive boutade, en faveur de ma sincérité. Si je ne crois pas encore au *Berlandieri*, je n'en suis pas un détracteur systématique ou obstiné ; je ne méconnais pas que ce soit une vigne de grande valeur, possédant des qualités de premier ordre pour un porte-greffe : reprise au greffage excellente, affinité bien supérieure à celle du Riparia pour la plupart de nos cépages français, mise à fruit rapide et abondante, dépassant la fructification des greffes sur Riparia et sur Rupestris. Par malheur, il présente aussi des défauts capitaux, que j'appellerai prohibitifs : il ne reprend pas de bouture et demeure, dans beaucoup de sols, si chétif, si malingre qu'il est impossible de l'y greffer avant plusieurs années.

Originaire des plateaux du Texas, où il vit côte à côte avec les *V. Monticola* (*Texana*) et les *V. Mustang* (*Candicans*), il a été introduit en France

par M. le Dr Davin et par M. Douysset, de St-André-de-Sangonis (Hérault).
M. Couderc, qui en possède un grand nombre, et l'Ecole d'agriculture de
Montpellier furent des premiers à le cultiver. Lors de son voyage en Amé-
riqué, M. Viala l'étudia de près dans les régions mêmes qui lui servent
d'habitat, sur les collines crayeuses du comté de Bell, en des sols d'une
sécheresse extrême et d'un grand pouvoir chlorosant. Le *Berlandieri* y
végète avec une grande vigueur, des feuilles épaisses et luisantes, d'un
vert intense. M. Viala est revenu d'Amérique convaincu que le *Berlandieri* était, — avec le *Cinerea* et le *Cordifolia*, écartés depuis, — le cépage
des terrains calcaires.

Théoriquement, il a sans nul doute raison ; *pratiquement*, et si l'on tient
compte des obstacles qui s'opposent à son utilisation culturale, il est permis de penser qu'il se trompe.

Appliquant au problème de la reconstitution cet esprit de netteté, de
précision, qui est la caractéristique de son talent, M. Viala a procédé par
éliminations successives, et finalement ramené et réduit à trois espèces
de vignes américaines tous les cépages nécessaires à cette grande œuvre :
Riparia, pour les terres légères et profondes ; — *Rupestris*, pour les sols
caillouteux et secs ; *Berlandieri*, pour les terrains calcaires.

Quelque séduisante qu'apparaisse cette théorie, — comme tout ce qui
est simple et clair, — elle ne saurait être admise sans réserves. Ce n'est
ici ni le lieu, ni le cas d'examiner si le *Riparia* convient parfaitement à
tous les sols profonds ; si le *Rupestris* n'est pas aussi bien le plant des
terres argileuses que des terres caillouteuses et sèches ; et si, pour bien
des sols, des cépages comme le *Vialla* et le *Solonis* ne demeurent pas sans
rivaux.

La formule est moins exacte encore pour le *Berlandieri*. M. Viala
reconnaît lui-même, si je ne me trompe, qu'il ne convient pas aux terres
calcaires humides ; il ne convient pas mieux peut-être aux argilo-calcaires
à sous-sols imperméables ou noyés comme il y en a tant dans l'Aude et
dans le Gers. Dans ces sols, certains franco ✕ américains, et surtout
franco ✕ Rupestris prospèrent d'une façon merveilleuse et acquièrent un
développement très rapide. On peut douter que les *Berlandieri* y donnent
jamais les mêmes résultats. Restent les terres calcaires sèches et les sols
crayeux.

Les premiers essais entrepris avec le *Berlandieri* ne furent pas heureux:
on s'aperçut que, parmi le grand nombre de variétés de *Berlandieri* venues
d'Amérique, fort peu étaient résistantes : la plupart présentaient des caractères très nets d'hybridation avec le Mustang (Candicans) dont la résistance au
phylloxera est insuffisante, ou n'offraient qu'une végétation languissante
et rabougrie. La reprise au bouturage était, d'un autre côté, tellement défectueuse (elle ne dépassait guère 5 à 10 o/o dans les cas les plus favorables) qu'il devenait nécessaire et de sélectionner les formes vigoureuses

très résistantes à l'insecte, et de découvrir un procédé de bouturage devant en permettre la propagation.

Cette sélection, M. Ravaz annonçait qu'elle était faite, il y a 3 ans, au Congrès de Montpellier, en parlant des «Berlandieris purs et vigoureux »que nous avons sélectionnés, disait-il, et auxquels nous avons donné un »nom qu'il n'est pas nécessaire de faire connaître, puisqu'ils ne sont pas »dans le commerce». Ils y auraient été mis depuis, s'il fallait en croire les offres si nombreuses qui assaillent les viticulteurs ; mais ce n'est pas bien sûr. Ces Berlandieris seraient, d'après M. Viala, les Berlandieris Nᵒˢ 2 et 1 de M. Rességuier ; — le Berlandieri Denière ; le Berlandieri d'Angeac ; le Berlandieri Malègue ; — le Berlandieri de Lafont Nᵒ 9.

Tous ces *Berlandieris* seraient vigoureux — *du moins dans les sols qui leur conviennent,* — mais, quoi qu'on prétende, ils ne reprennent pas de bouture.

Je dis «dans les sols qui leur conviennent», car chez moi, par exemple, dans les terres calcaires humides de Lattes, ni les Berlandieri d'Angeac, ni les Berlandieris Millardet plantés en racinés en 1894 n'ont eu un développement suffisant pour être greffés en 1895, et j'ignore s'ils pourront l'être encore cette année (1896). Au domaine du Blanchissage, près Mèze (Hérault), au Mas de la Plaine, près Mauguio (Hérault), chez M. Louis de Malafosse dans la Haute-Garonne, chez M. Coutagne dans les Bouches-du-Rhône et le Var, chez M. René Lamblin, en Côte-d'Or, etc., les *Berlandieris* essayés ont donné des pousses si maigres, si chétives, qu'ils ont dû être abandonnés : c'étaient cependant des formes sélectionnées. Il serait aisé de citer d'autres faits analogues, qui ne prouveraient rien que tout le monde ne sache, à savoir que le *Berlandieri* n'est pas le plant de tous les terrains calcaires, et qu'il est d'un développement très lent. Il est juste toutefois d'ajouter que le greffage surexcite sa végétation, produisant chez lui le phénomène déjà signalé à propos de l'Herbemont.

En même temps qu'on poursuivait la sélection des formes de *Berlandieri*, on s'appliquait à vaincre ses difficultés de reprise au bouturage. On croit y être parvenu de deux côtés à la fois : par le bouturage en pousse, par la greffe-bouture. Nous ne saurions mieux faire que d'emprunter à M. Viala lui-même la description qu'il en a donnée dans la *Revue de Viticulture* du 30 novembre 1895 (1).

I. BOUTURAGE EN POUSSE. — .... «Le bouturage en pousse consiste à ne pas tailler les pieds mères de Berlandieris en automne et en hiver. On attend, pour procéder à la taille, que les yeux des sarments soient développés et complètement épanouis. Les souches sont taillées à ce moment et on fragmente les rameaux en boutures. Ces boutures, avec leurs yeux épanouis, ou ayant deux ou trois centimètres de longueur, sont mises en pépi-

(1) La Multiplication du Berlandieri par MM. P. Viala et Mazade. *Revue de Viticulture* du 30 novembre 1895, p. 509.

nière. Pour obtenir les résultats les plus complets (voir *Revue*, n° 66, page 300), il faut conserver les jeunes bourgeons autant que possible, empêcher leur dessiccation en plaçant le pied des boutures dans l'eau pendant le temps qui s'écoule entre la taille et la plantation, arroser au moment de la plantation, butter et faire arriver la butte jusqu'au niveau du dernier bourgeon qui, intact, reste à découvert.

»On peut procéder autrement. On taille les boutures en hiver; on les stratifie dans du sable frais et on les laisse en stratification dans un endroit chaud, sous châssis au besoin, jusqu'au moment où les bourgeons ont une longueur de deux ou trois centimètres. Ces boutures sont alors mises en pépinière comme précédemment. Les reprises que l'on obtient ainsi sont assez élevées, mais moins qu'avec le procédé précédent, car ces boutures, entrées en végétation dans le sable, ont souvent leurs jeunes bourgeons grillés par le soleil lors de leur plantation en pépinière.

»Le bouturage en pousse peut donc donner d'excellents résultats. Mais — et nous n'avons fait cette observation, qui aurait peut-être dû être prévue, que depuis deux ans, — la récolte des *boutures en pousse* sur les mêmes souches pendant plusieurs années successives détermine un affaiblissement progressif des pieds-mères, affaiblissement qui est allé dans nos collections jusqu'au rabougrissement des ceps ainsi traités.........

»II. GREFFES-BOUTURES. – La bouture simple de Berlandieri, qui ne reprend que dans des proportions de 5 à 10 o/o au maximum, reprend au contraire dans des proportions de 50, 60 et 80 o/o quand on la couronne d'un greffon français et qu'on la met en pépinière dans les conditions ordinaires, comme toute greffe-bouture. Ce fait avait d'ailleurs été observé avec certains porte-greffes d'un enracinement un peu difficile, tel l'Herbemont. Pour des variétés à reprise facile en simple bouture (Vialla, Riparia, Rupestris), la greffe-bouture diminue, au contraire, la proportion des reprises........... ·

»En 1894, pendant que les boutures ordinaires de Berlandieri donnaient 6 o/o de reprises, nous obtenions avec les greffes-boutures une moyenne de 39 o/o. En 1895, nous avons tenu compte des observations que nous avions faites l'année précédente et les résultats obtenus ont été........ de 53 o/o.

»Mais on ne peut arriver à ce résultat qu'*en sevrant les racines du greffon à temps*. Si l'on suit attentivement le développement des greffes-boutures sur Berlandieri depuis la plantation jusqu'à la fin de l'été, on constate successivement les modifications suivantes. D'abord, les tissus de soudure commencent à se former aux points de contact du sujet et du greffon, et le greffon entre en végétation. Ce premier état est d'ailleurs commun à toutes les greffes-boutures, quel que soit le porte-greffe employé. Bientôt après, de jeunes radicelles prennent naissance sur le greffon, alors que le sujet (Berlandieri) ne présente encore à la section inférieure (talon) qu'un bourrelet plus ou moins accusé, formé par des tissus cicatriciels. La plante végète ainsi *aux dépens des racines du greffon* jusqu'en juillet, pendant deux mois ; ce n'est que très tard (juillet-août) que le sujet (Berlandieri) émet sur le talon, à environ un demi-centimètre de sa base, quelques fines radicelles. Ces radicelles ont un accroissement très rapide et gagnent en peu de temps la tardivité de leur formation. Le développement herbacé du greffon a donc lieu pendant deux mois aux dépens de ses propres racines. Les tissus de soudure continuent à se former progressivement et se développent aux dépens des matériaux élaborés par le greffon. C'est peut-être grâce aussi à la vie active du greffon que le sujet (Berlandieri), recevant par l'intermédiaire des tissus de soudure des matériaux élaborés, se trouve en état d'émettre plus facilement des racines que s'il était réduit à ses seules ressources, comme c'est le cas pour les simples boutures.

»Si on supprime les racines du greffon *au moment* où les radicelles, d'abord fines et grêles, du Berlandieri sont sorties, on voit celles-ci se développer, ainsi que nous le disons, avec une très grande activité et arriver à être, à la fin de la végétation, aussi développées que les racines des Riparias ou des Rupestris multipliés de la même façon.

»Si, au contraire, on sèvre trop tôt les racines du greffon, avant que celles du sujet (Berlandieri) ne soient déjà sorties, il y a arrêt d'évolution de ces dernières et le greffon, sevré de ses racines et non nourri par le sujet, se dessèche et meurt. Si encore on attend trop tardivement pour sevrer le greffon, les racines du Berlandieri évoluent très lentement; celles du greffon prennent une activité et une vigueur de plus en plus grandes ; le greffon finit par vivre d'une vie presque indépendante. La végétation du porte-greffe s'arrête et lorsqu'on supprime les racines du greffon, les frêles racines du porte-greffe ne peuvent suffire à la végétation de la greffe-bouture, qui ne tarde pas à succomber.

»Il faut donc sevrer les racines du greffon à temps, ni trop tôt, ni trop tard. C'est là le seul détail particulier que réclament les greffes-boutures de Berlandieri. Il est facile de préciser ce moment en notant que ce n'est pas avant la fin juillet que le sevrage doit être opéré et que, dans la région méridionale par exemple, la période du sevrage varie, suivant les années, du 20 juillet au 20 août. Mais, pour plus de sûreté, mieux vaut à cette période observer le talon de quelques greffes-boutures en les débuttant et procéder au sevrage dès que l'on constate que les racines du Berlandieri ont commencé à pousser.

»L'époque du sevrage n'est pas la même pour tous les plants. Les Carignans par exemple, dont la poussée radiculaire du greffon est très active et très rapide, demandent à être sevrés plus tôt. L'échec relatif que nous signalions pour ces plants est dû à ce que les racines du greffon ont été supprimées trop tardivement. Pour les Aramons, les Folles, les Chenins, le sevrage a été fait le même jour que pour les Carignans et la reprise a été plus élevée. Le même fait peut se produire pour d'autres vignes françaises. Nous avons tenu à bien préciser ces détails, pour que l'on arrive toujours au résultat le plus parfait dans les pépinières de greffes-boutures sur Berlandieri......... »

La critique du bouturage en pousse est faite par M. Viala lui-même : il épuise les pieds-mères au point d'entraîner leur dépression, leur rabougrissement et vraisemblablement leur mort. L'été dernier, les souches mères des Berlandieris Rességuier N°s 1 et 2 de l'Ecole d'agriculture de Montpellier, sur lesquelles étaient prélevées depuis 2 ou 3 ans les boutures en pousse, étaient très jaunes et rabougries, sans qu'il fût possible de trouver à cet état anormal d'autre explication *a priori* que celle de l'affaiblissement causé par le bouturage en pousse. Ce procédé ne peut donc *pratiquement* être utilisé que d'une façon exceptionnelle.

Le système de la greffe-bouture est-il *plus pratique? En fait*, il a donné d'excellents résultats à l'Ecole d'agriculture de Montpellier et ailleurs ; cela n'est pas douteux. Mais, de bonne foi, croit-on qu'il y ait beaucoup de viticulteurs, de simples vignerons, capables de l'utiliser? Oh! s'il n'y avait à faire que des greffes-boutures dans les conditions ordinaires, ce serait parfait, la chose serait à la portée de tout le monde, ou à peu près ; mais la nécessité de sevrer les racines du greffon *ni trop tôt, ni trop tard, juste en temps opportun*, exige, dans la pratique, une sûreté de coup-d'œil, des connaissances particulières, des manipulations délicates, que bien peu de viticulteurs possèdent. Et le moment même de ce sevrage? Cet *instant psychologique* qu'il faut saisir, sous peine de voir l'opération avorter ? On l'indique bien approximativement ; mais ne variera-t-il pas chaque année suivant le degré de chaleur ou de froid, de sécheresse ou d'humidité, suivant les régions, les climats, les sols, les cépages-greffons employés, la date de la mise en pépinière, les pratiques culturales, etc.? Que de dépenses accumulées pour un résultat incertain !

Ainsi donc, bouturage en pousse, greffe-bouture de Berlandieri, ce sont là des procédés fort ingénieux à coup sûr, mais qui ne paraissent pas appelés à entrer dans la pratique courante : ils exigent, en effet, on ne saurait trop le répéter, des manipulations particulières, une dextérité, et, qu'on me passe l'expression, un doigté, qui pourront bien être l'apanage de quelques privilégiés, mais auxquels la grande masse des viticulteurs demeurera étrangère. Dès lors, il n'y aura plus que des spécialistes pour tirer parti du *Berlandieri*, et les vignerons, qui se trouveront dans la nécessité d'y recourir, seront livrés à leur discrétion. S'il faut dire d'un mot toute ma pensée, c'est là qu'est, à mes yeux, le danger du *Berlandieri ;* c'est l'impossibilité pratique qui, dans l'état actuel de la question, s'oppose à sa diffusion.

Il n'en est pas de même des hybrides de *Berlandieri*, parce que leur reprise en bouturage est plus facile, et que chacun peut ainsi devenir aisément son propre fournisseur de bois. Il serait regrettable que les aptitudes de ce cépage pour les sols calcaires fussent perdues pour la viticulture. C'est par l'hybridation avec une autre vigne américaine ou même avec un Vinifera qu'il faut résoudre la question du *Berlandieri* : MM. Millardet et de Grasset, M. Couderc, M. Castel s'y sont employés tour à tour : les premiers nous ont donné le *Chasselas $\times$ Berlandieri 41ᴮ* , qui a tous les avantages du *Berlandieri*, sans en avoir les inconvénients. Ils ont, en outre, mis à l'étude, une série d'hybrides de Berlandieri par Riparia, par Rupestris, dont un des plus remarquables serait le n° 218 et le n° 219 (Rupestris $\times$ Berlandieri). De son côté, M. Couderc a expérimenté des Berlandieri $\times$ Riparia et Riparia $\times$ Berlandieri, dont les n°ˢ *157-11 et 157-10* (Berlandieri de las Sorres $\times$ Riparia Gloire de Montpellier) sont de toute beauté à Cognac et portent des greffes magnifiques. L'Ecole d'Agriculture de Montpellier possède, elle aussi, deux hybrides naturels, le Riparia $\times$ Berlandieri n°ˢ *33* (tomenteux) *et 34* (glabre) dont la tenue, dans les champs d'expérience de M. Ravaz, ne laisserait, paraît-il, rien à désirer.

Les hybrides naturels de *Berlandieri* sont fort nombreux. «Les variations de forme du *Berlandieri*, écrit M. Munson, sont très grandes; elles ont parfois de si grands rapports avec le *Vitis Monticola* qu'il est difficile de les en différencier.» Le *Berlandieri* et le *Vitis Monticola* vivent, en effet, dans un perpétuel contact. «Le *V. Monticola* fleurit quelque temps avant le *V. Berlandieri* et beaucoup de ses grappes sont encore en fleur au début de la floraison de cette dernière vigne. C'est une condition très favorable à l'hybridation naturelle.» Or, le *V. Monticola* reprend de bouture, sinon d'une façon parfaite, du moins à peu près satisfaisante, et il se peut trouver quelque forme de *Berlandieri*, très hybridée de *Monticola*, qui tienne de cette dernière vigne des facilités particulières au bouturage. Le *V. Monticola* lui-même est une vigne extrêmement intéressante, et l'on pourrait se demander pourquoi elle est demeurée si longtemps dans l'ombre, presque inconnue, si l'on ne savait que les premières formes envoyées d'Amérique étaient des moins vigoureuses et ressemblaient plus à des buissons touffus qu'à une vigne. Là, aussi, une sélection était nécessaire. M. Couderc l'a tentée.

Au Congrès de Mâcon, au Congrès de Beaune, au Congrès de Chambéry, il parlait de l'avenir de cette vigne qu'il plaçait même avant le *V. Berlandieri*.

«On trouve le *V. Monticola*, dit M. Munson, en très grande abondance sur tous les plateaux du crétacé et sur leurs bords, jusqu'à une distance de 100 pieds au-dessous du sommet; il devient de moins en moins abondant jusqu'à mi-hauteur des collines et disparaît vers la base. On l'observe dans les bancs les plus crayeux, surtout dans les assises supérieures.» Le *V. Monticola* est donc essentiellement, comme le *V. Berlandieri*, un plant des terrains calcaires ou crayeux. Aussi, M. Couderc l'employa-t-il de très bonne heure pour ses hybridations artificielles, soit avec des Vinifera, soit avec d'autres cépages américains. Il a ainsi toute une série d'hybrides par *V. Monticola* dont les plus anciens et les plus connus: *132-5* et *132-9* (601 $\times$ Monticola); — *203-85*; *203-129*; *203-134* (Bourrisquou $\times$ Monticola); *193-31*; *193-38* (Monticola $\times$ Riparia) sont superbes de verdeur et de végétation dans les craies de «Tout-Blanc» et ailleurs.

Tout récemment encore, l'École d'agriculture de Montpellier a reçu, soit de M. Munson, soit de M. Salomon, le grand viticulteur-pépiniériste de Thomery, diverses formes de *V. Monticola* qui paraissent fort remarquables. Mais ce n'est pas avant quelques années qu'on en connaîtra la valeur réelle. Loin de nous la pensée d'opposer le *V. Monticola* au *V. Berlandieri*. Nous ignorons jusqu'à présent si cette vigne est utilisable telle quelle et dans quelle mesure elle peut l'être; nous entendons seulement la signaler, à côté du *Berlandieri*, parce qu'ayant les mêmes aptitudes, elle peut servir aux mêmes fins. En tous cas, la question du *V. Monticola* n'est pas mûre. Celle du *Berlandieri* l'est-elle bien davantage?

Où sont les plantations de *Berlandieri* capables de servir d'enseignement et d'exemple?

Comme plantations de quelque importance, on peut citer celles de M. de Grasset, à Laval; celles de M. Couderc, à Montfleury; de M. Macquin, dans la Gironde; de M. Douysset, dans l'Hérault; de M. le Dr Davin, dans le Var; et, comme plantations d'expériences, celles du Mas de las Sorrès et de l'École d'agriculture de Montpellier, celles des champs de M. Ravaz dans les Charentes; celles de M. Bethmont et de M. Verneuil. J'en oublie sans doute, mais le nombre n'en saurait être grand. Que ne dira-t-on pas si, pour les hybrides franco-américains, les essais ou les plantations n'étaient pas plus considérables? Quelle objection légitime n'en tirerait-on pas contre eux? Et pourquoi cette différence d'appréciation quand les faits doivent seuls, dans un cas comme dans l'autre, servir de base au jugement à intervenir?

Nous venons de parler des *Berlandieris* du Mas de las Sorrès, invoqués par M. Viala dans un récent article de la *Revue de Viticulture* comme preuve de la fructification abondante des greffes sur *Berlandieri*. Comment se fait-il donc que les hommes distingués qui ont présidé à ces expériences du Mas de las Sorrès, qui les ont suivies, qui ont, par conséquent, noté et constaté ces qualités du *Berlandieri*, ne se se soient pas empressés d'en faire usage pour leur propre compte? Comment ni M. Henri Marès, ni les si regrettés MM. Louis Vialla et Gaston Bazille — tous deux anciens présidents de la Société centrale d'agriculture de l'Hérault, — n'ont-ils employé le *Berlandieri* pour leurs propres plantations, alors que les uns et les autres ont des terres fortement chlorosantes? Comment ont-ils pu lui préférer le *Jacquez*, eux qui, je le répète, ayant sous les yeux les exemples du Mas de las Sorrès, connaissaient bien le *Berlandieri*, sinon parce qu'ils avaient constaté la quasi-impossibilité *pratique* de se servir de ce cépage, quelques mérites qu'il possédât?

Comment encore expliquer, sans cela, l'accueil fait au *Berlandieri* par le public viticole? Où voit-on qu'il provoque l'enthousiasme, l'engouement parfois excessif soulevé par d'autres porte-greffes, comme, par exemple, le «Rupestris du Lot»? En Champagne, le cri est: *Au moins, pas de Berlandieri!* Ailleurs, dans les Charentes mêmes, au centre de la région où les résultats donnés par le *Berlandieri* sont le plus aisément tangibles, sait-on ce qui se passe? Veut-on avoir une preuve irrécusable du peu de confiance que le *Berlandieri* inspire? Eh bien! deux des personnalités les plus considérables de ce pays, MM. Bethmont et Verneuil, se décident enfin, après avoir longtemps hésité, tatonné, à entreprendre la replantation de leurs vignobles, situés: celui de M. Bethmont dans les groies, celui de M. Verneuil dans la grande Champagne de Cognac. L'un et l'autre ont expérimenté le *Berlandieri*; ils ont sous les yeux les exemples concluants, prétend-on, des champs de M. Ravaz; ils vont donc reconstituer avec les *Berlandieris*? Point du tout: M. Verneuil reconstitue avec le *41 B* de M. Millardet, et M. Bethmont avec son *Colorado ε* et les *33 A, A¹ et A²* de M. Millardet. Dans le rapport annuel qu'il adresse au *Comité central d'études et de vigilance de la Charente-Inférieure*, M. Bethmont (décembre 1895) s'exprime ainsi, *in fine*: «Quelques-uns d'entre vous s'étonneront peut-être que je n'aie pas cité le *Berlandieri* parmi les porte-greffes adaptés à nos »terrains calcaires; c'est qu'en effet si quelques Berlandieris sont beaux, il »en est beaucoup de chétifs et dont la résistance au phylloxera est dou»teuse. Quant aux bonnes variétés, elles sont encore peu étudiées, rares, »et jusqu'ici les essais faits pour les bouturer ne paraissent pas être entrés »dans la pratique viticole. Tant que cette difficulté ne sera pas *complète*»*ment* résolue .....je crois que le *Berlandieri* ne pourra prendre dans la re»constitution la place que lui assignerait sa résistance souvent élevée à la »chlorose. C'est pourquoi, je préfère au *Berlandieri* les *33, 41 B, 101¹⁴, Co*»*lorado ε*, qui présentent les mêmes qualités, et qui, en outre, sont d'un »bouturage facile.»

Quant à M. Verneuil, qui reconstitue avec le *41 B*, il m'a fait l'honneur de m'écrire: «Peut-être trouvera-t-on mieux que le *41*; mais quand? et pour»quoi attendre encore?»

Pourquoi attendre, en effet? Et les propriétaires des sols crayeux de la Charente n'ont-ils pas aujourd'hui sous la main toutes les armes nécessaires? Ils peuvent agir, soit qu'ils fassent appel aux hybrides franco-américains ou américo-américains cités ici comme ayant fait leurs preuves, soit que, malgré tout, ils s'adressent aux formes de *Berlandieri* préconisées par MM. Viala et Ravaz.

Le problème, en tous cas, est résolu. Et quelle que soit la solution adoptée, la reconstitution des terres calcaires, y compris les sols crayeux, est désormais possible, — nous croyons du moins l'avoir démontré. Le difficile est de choisir judicieusement le cépage qui devra le mieux convenir à telle ou telle nature de sol. C'est pourquoi nous avons énuméré les principaux champs d'expériences des diverses régions viticoles, non seulement en vue de démontrer la résistance des porte-greffes qui y végètent sans faiblir, mais aussi pour constituer comme des types de sols, des points de repère auxquels pourront se reporter les propriétaires de ter⁻ rains analogues.

Ce serait fournir une base d'appréciation trop peu sûre que de dire: à partir de tant pour cent de calcaire, voici le ou les porte-greffes à adopter. Tel sol à 40 o/o de calcaire sera parfois plus chlorosant qu'un autre à 60 o/o: les exemples abondent. La quantité de carbonate de chaux ne suffit pas, en effet, à déterminer le pouvoir chlorosant d'un sol. Il y faut joindre le degré de ténuité et d'assimilabilité du calcaire, ainsi que la vitesse d'attaque de ce calcaire, l'humidité et la compacité du sol. MM. Houdaille et Sémichon ont publié, sur ce sujet, une étude magistrale (1), qui, avec *le Calcaire* du savant professeur de Cluny, M. Bernard, constituent des documents indispensables à consulter par tous ceux qu'intéresse, à un titre quelconque, la reconstitution des terres calcaires. C'est en ce sens que M. Ravaz a pu dire que les indications du calcimètre n'ont pas une précision que l'on puisse considérer comme suffisante. Il y a calcaire et calcaire ; les uns sont très nocifs, les autres beaucoup moins, suivant l'étage géologique auquel ils appartiennent ; d'autres corps et les circonstances météoriques peuvent également annihiler ou augmenter les effets d'une même sorte de calcaire, et son action chlorosante est, par suite, essentiellement contingente. «A couche géologique semblable, — disait M. Verneuil au »Congrès de Montpellier, — lorsque, par suite, le calcaire est de même »nature, il est évident que plus la proportion en sera élevée, plus il sera »meurtrier pour toute variété qui ne sera pas franchement calciphile ; mais »lorsque le calcaire provient de couches géologiques différentes, le dosage »ne peut suffire pour comparer la puissance chlorosante de deux sols dif-»férents. D'une façon générale, on peut dire que le calcaire oolithique est »moins dangereux comme chlorose que le calcaire éminemment friable et »ténu du crétacé. Peut-être aussi peut-on dire qu'à composition de sol »identique, sous un climat plus humide et plus pluvieux, la chlorose est »plus fréquente et plus dangereuse. En revanche, plus un sol est sec, »desséché, — ce qui est le cas du calcaire oolithique, plus il faut attacher »d'importance à la résistance phylloxérique».

Le calcaire, au surplus, n'est pas la seule cause déterminante de la chlorose de la vigne : la compacité, l'imperméabilité du sol déterminent, eux aussi, même en l'absence du carbonate de chaux, des phénomènes analogues de jaunissement et de rabougrissement des ceps.

Ces considérations nous ont déterminé à adopter une base autre que celle du tant pour cent de calcaire, et à classer les terrains chlorosants en: A. *terrains peu ou moyennement calcaires* ; — B. *terrains nettement calcaires* ; — C. *terrains crayeux*.

Le Riparia formant, avec raison, la base essentielle de la reconstitution des vignobles en France peut être, semble-t-il, choisi comme type, comme point de comparaison. Dès lors, les terrains peu ou moyennement calcaires seront ceux où le Riparia jaunit, une fois greffé, et finit peu à peu par se déprimer. Les terrains nettement calcaires ceux où le Riparia greffé se chlorose jusqu'au rabougrissement, et où le Jacquez se chlorose et pé-

(1) *Revue de Viticulture* : tome I, pages 405, 455 et 509 ; et tome II, pages 51, 101, 173 200, 303 et 323. — Puis encore: *Revue de Viticulture* : MM. Houdaille et Mazade, tome III, pages 131 et 161.

riclite. Les terrains crayeux ceux où aucune espèce américaine greffée ne
saurait végéter, — à l'exception des V. Berlandieri et V. Monticola. — A
titre d'indication, mais seulement d'indication très générale, on pourrait ajouter que la dose de calcaire peut varier : dans les premiers entre
15 et 30 o/o ; — dans les seconds entre 30 et 50 o/o ; — dans les troisiè-
mes entre 50 et 60 o/o ou même davantage, sans tenir compte du sous-sol.

En étudiant un à un les principaux cépages dont la liste a été arrêtée ci-
dessus, nous aurons l'avantage de fixer leurs caractères définitifs, et peut-
être aussi d'établir, dans une certaine mesure, les aptitudes qui les désignent plus particulièrement pour telle ou telle nature de sol.

CHAPITRE V

Etude et description des porte-greffes proposés

A. — TERRES PEU OU MOYENNEMENT CALCAIRES

Riparia ✕ Rupestris N°ˢ *3306* et *3309* de Couderc ; — *101*¹⁴ de Millardet; — *Rupestris du Lot* ; — *Taylor-Narbonne.*

I. — RIPARIA ✕ RUPESTRIS. — Les Riparia ✕ Rupestris comptent un grand nombre de variétés, produits d'une hybridation naturelle ou d'une hybridation artificielle. Beaucoup ne présentent aucune valeur ; quelques-uns ont à peine les mérites de leurs générateurs ; un petit groupe enfin — héritant par l'hybridation de propriétés particulières qui font défaut à leurs parents — ont une haute résistance à la chlorose calcaire et manifestent des qualités qui en font des porte-greffes de tout premier ordre. De ce groupe sont : quelques plantes sélectionnées de la collection de M. Jæger, au premier rang desquelles il faut placer le Riparia ✕ Rupestris désigné par lui sous le nom de *Gigantesque* ; — les Riparia ✕ Rupestris créés par M. Millardet, et ceux créés par M. Couderc.

Le *Riparia* ✕ *Rupestris Gigantesque* de Jæger est une vigne très belle et très vigoureuse, qui figure dans quelques collections et champs d'essais. Nous n'en connaissons pas de plantations importantes. Il semble que partout elle se soit montrée inférieure aux *3309* et *3306* de Couderc et au *101*¹⁴ de M. Millardet. Il a donc paru inutile de la retenir ici.

Sous le *N° 101*, sont comprises de nombreuses formes, produits d'une même hybridation faite en 1882. Toutes sont loin d'avoir le même mérite; quelques-unes se chlorosent presque à l'égal du Riparia, et j'ai déjà eu l'occasion de noter les différences profondes que, dans mes plantations de Lattes, j'avais, dès la première année, constatées entre elles. Cela tient à la classification adoptée par M. Millardet; et il nous sera bien permis, quelque respectueuse estime que nous ayons pour lui, quelque admiration que nous inspirent ses travaux, de relever ce que cette méthode a de défectueux pour un simple praticien. Il en est résulté des différences d'appréciation très sensibles, bien propres à dérouter les viticulteurs. Fort heureusement, des sélections se sont faites, qui toutes se sont accordées à mettre en vedette une forme de 101, à bois glabre, rouge vif, à feuilles épaisses et luisantes. Désignée depuis lors très exactement par M. Millar-

det, elle porte le nom de 101^{14}. Celle-là est un des Riparia $\times$ Rupestris les plus remarquables qui soient. Sous le N° 101^{15}, M. Millardet a également sélectionné une forme de 101 d'une très haute valeur, mais d'une telle ressemblance avec le 101^{14} qu'il est bien difficile, sinon impossible, de les différencier : peut-être 101^{15} a-t-il le port plus érigé, et le bois, une fois mûr, d'un rouge un peu plus foncé. Une troisième forme — légèrement inférieure aux précédentes — mérite d'être signalée (serait-ce le 101^{10}) ? Les feuilles en sont d'un vert plus plombé que celles du 14, plus allongées aussi et se rapprochant davantage de celles du Riparia.

Le 101^{14} est le plus répandu, le plus connu, et bien que pratiquement il soit difficile de déterminer, par des exemples, laquelle de ces deux formes (101^{14} et 101^{16}) est la meilleure, nous pensons qu'il est préférable de s'en tenir au 101^{14}. En voici la description :

Plante d'une très grande vigueur, à port subérigé, avec de très longs sarments traînant à plusieurs mètres de distance.

Bois mûrs de l'année de couleur noisette, fortement nuancée de châtain et de rose du côté de la lumière, légèrement pruineux vers le sommet des sarments, médiocrement striés, droits ou à peine coudés aux nœuds. *Entrenœuds* de longueur moyenne (7 à 12, rarement 15 centimètres). Moelle un peu plus épaisse que le bois et l'écorce réunis.

Bourgeonnement légèrement violacé au premier printemps, un peu pubescent.

Tiges extrêmes jeunes fortement colorées en rouge vineux, en automne, du côté de la lumière.

Feuillage de couleur claire, souvent un peu jaunâtre dans le Midi.

Feuilles à pétiole plus court que le limbe, finement pubescent, un peu laineux, coloré en rouge à l'automne. Limbe fortement plié suivant sa longueur, à sinus pétiolaire ouvert ; trilobé, fortement et inégalement denté ; lobes terminés par des pointes allongées-lancéolées. Face supérieure lisse (non gaufrée), luisante ; l'inférieure mate, d'un vert plus pâle, pubescente sur les nervures principales. Celles-ci rosées à la base, en automne.

Grappe petite (6 à 8 centimètres de longueur) un peu rosée, peu ramifiée, presque toujours pourvue d'une aile très petite. Grains petits (6 à 9 millimètres de diamètre), ronds, noirs, peu pruineux. Pépins 3 à 4 par grain. Saveur sucrée et acidulée, non désagréable.

Issus d'une même fécondation de Riparia-mère par un Rupestris Martin père, les Riparia $\times$ Rupestris de M. Couderc sont, eux aussi, de valeur inégale. Les N^{os} $3306, 3307, 3308, 3309$ et 3310 ont seuls été retenus et conservés par M. Couderc. 3306 et 3307 sont tomenteux, $3308, 3309$ et 3310 sont glabres. 3308 et 3310 ont une ressemblance très nette avec leur mère le Riparia, tandis que 3306 et 3309 se rapprochent davantage de leur père, le Rupestris, et même du Vitis Monticola, dont, d'après M. Couderc, le Rupestris-Martin aurait quelques traces. 3309 surtout a les jeunes feuilles petites et vernissées comme celles du Vitis Monticola. Aussi paraît-il tenir de ce dernier une résistance au calcaire supérieure à celle de ses frères. A

Lattes, *3306* et *3309* se sont comportés de façon égale : je l'attribue à ce que les terres de Lattes sont humides, et que cette nature de sol conviendrait mieux à *3306* (1). Ailleurs, *3309* (notamment dans les sols calcaires graveleux) aurait accusé une légère supériorité. C'est donc à lui qu'il conviendrait finalement de donner la préférence. *3307* et *3308* (encore que celui-ci se soit montré très beau en Espagne) doivent être écartés, comme sensiblement inférieurs aux deux autres. Quant à *3310*, que M. Couderc considère comme un des meilleurs, comme le meilleur peut-être de tous, à tort suivant moi, des erreurs d'étiquetage l'ont fait, paraît-il, confondre presque partout, jusqu'à ce jour, avec *3308*. Il a été, par suite, bien difficile d'apprécier sa valeur réelle, qui doit être réservée : à Lattes, il serait plutôt inférieur à *3309* et à *3306*.

Voici la description de ces deux cépages :

3306 (*tomenteux*) : — *Plante* très vigoureuse, à port étalé, avec de très longs sarments traînant à plusieurs mètres de distance. — Aspect général du Riparia. — *Souche* forte, d'un développement rapide, de couleur grisâtre, nuancée de marron. — *Bourgeons* coniques, à duvet blanchâtre au sommet, un peu roussâtre sous les écailles — *Jeunes pousses* d'un brun doré caractéristique, couvertes d'un tomentum blanc abondant. — *Sarments*, à l'état herbacé, d'un rose tendre nuancé de violet ; à l'état de maturité complète, de couleur brun violet sombre, se rapprochant du noir ; rarement striés, lisses ; arrondis, parfois légèrement aplatis ; droits, à peine coudés aux nœuds. — *Mérithalles* de longueur moyenne (8 à 13 centimètres). — *Feuillage* d'un beau vert, tenant plus du *Rupestris*, et même du *Monticola*, que du *Riparia* ; souvent un peu jaunâtre au début de la végétation, jamais teinté de rouge à l'automne. — *Feuilles* plus longues que larges, épaisses, luisantes, à nervures légèrement pubescentes, avec petits bouquets de poils à l'aisselle des nervures ; — *dents* irrégulières, le plus souvent aiguës. — *Végétation* automnale tardive ; extrémité des sarments arrivant, par suite, rarement à maturité.

3309 (*glabre*) : — *Plante* de vigueur moyenne, à port de *Riparia*, très étalé, à sarments minces et très longs, traînant à terre. — *Bois* très glabres, non

---

(1) M. Jallabert, ancien président de la Société centrale d'agriculture de l'Aude, a, sur sa propriété de Bouziers, près Limoux, établi un champ d'expériences fort intéressant, que nous avons dû nous borner à signaler plus haut. Il importe cependant de consigner ici ce qu'il pense des *3306* : «Je considère, dit-il, *3306* comme un porte-greffe de grand avenir réunissant à un haut degré deux qualités fort importantes : une aire d'adaptation très étendue, »plus étendue même que celle du Jacquez, et, ce qui n'est pas à dédaigner, une résistance »au phylloxera de premier ordre. On admet en outre généralement que les greffes qu'il »porte sont vigoureuses et très fructifères, et ce que j'ai pu constater chez moi ne fait que »confirmer cette opinion. Il est chez moi le préféré et je me propose de l'employer sur une »vaste échelle dans les nouvelles plantations. Je n'hésite pas à conseiller son emploi *dans* »*tous les terrains humides*, marneux et même dans tous les terrains du département de l'Aude »qui ne sont pas trop argileux ou trop calcaires. Enfin si *3306* ne prend pas toujours bien la »greffe, ses soudures sont fort bonnes, et pour l'Aramon notamment, je le considère comme »un porte-greffe bien supérieur à tous les Riparias connus jusqu'à ce jour. *Dans les plaines* »*humides et les alluvions, il me paraît donc tout indiqué.*»

aoûtés, d'un jaune-verdâtre, nuancé de rouge, passant au rouge vif, puis au rouge-brun au fur et à mesure de l'aoûtement ; bois mûrs de couleur rouge sombre, fréquemment comme marbrés de taches noirâtres ; extrêmement lisses ; bien arrondis. — *Entre-nœuds* de longueur moyenne ; — *nœuds* peu saillants. — *Feuillage* d'un vert intense, comme vernissé, plus semblable au *Monticola* et au *Rupestris* qu'au *Riparia* ; uniformément plus foncé que celui de *3306*. — *Feuilles* presque petites, plutôt arrondies, particulièrement luisantes, à nervures peu accusées, et toujours glabres ; feuilles des extrémités très petites, plus nettement arrondies encore. — *Dents* irrégulières, très peu profondes. — *Défoliation* automnale moins tardive que *3306*.

Remarque générale : *101¹⁴* ; — *3306* ; — et *3309* sont extrêmement sensibles aux phylloxeras gallicoles ; ils en portent souvent des quantités énormes, telles que le feuillage se trouve complètement déformé et la végétation paralysée.

Lequel de ces trois porte-greffes : *101¹⁴*, *3306* et *3309*, doit être préféré aux autres ? Quelque embarrassante que puisse être la réponse, il faut pourtant arriver à la formuler. Et d'abord, leurs aptitudes ne sont pas identiquement les mêmes. A en juger par leur tenue dans divers sols, *101¹⁴* conviendrait mieux aux terres un peu fortes, exemple : les argilo-calcaires de M. Numa Thérond à Villedaigne et à Lézignan ; — *3309* résisterait bien aux calcaires pierreux, exemple : le champ de l'Orphelinat agricole d'Angoulême ; les groies de tuffau de Maine-et-Loire ; — et *3306* se plairait dans les terres un peu humides ; exemple : plaine de Lattes. — J'inclinerais donc à penser qu'ils sont, chacun en ce qui le concerne, désignés pour ces sortes de sols. Leur reprise au bouturage est également parfaite ; leur végétation luxuriante dépasse notablement celle des Rupestris et des Riparias : la souche et les sarments sont plus gros que chez ces derniers. Les mérithalles sont plus courts, la moelle moins large. Toutefois, ils ne prennent pas la greffe avec la même facilité. Sous ce rapport, *101¹⁴* serait supérieur à *3309* et à *3306*, qui présentent parfois quelques insuccès. *101¹⁴*, lui, reçoit la greffe merveilleusement, et je ne connais pas de cépage, pas même le Vialla, qui donne d'aussi fortes proportions de reprises : la greffe en place ne m'a jamais fourni moins de 95 à 98 o/o de réussite. En revanche, j'ai cru remarquer qu'il était un peu sujet à des refoulements de sève ; et M. Castel a fait cette même observation. Tous les trois (*101¹⁴*, *3309*, *3306*) présentent des soudures excellentes ; le bourrelet de soudure est à peine apparent, plus accusé évidemment que chez les franco-américains où le bourrelet est nul, mais infiniment moins que chez le Riparia où il atteint parfois des proportions inquiétantes.

3309 et *3306* émettent plus de rejets que *101¹⁴*, et il faut avoir soin, comme pour tous les Rupestris, d'enlever profondément tous les yeux du porte-greffe. Leur fructification est abondante, régulière, supérieure, en général, à celle du Riparia. Je n'ai jamais pu établir de différences entre la fructification des greffes sur *101¹⁴*, sur *3309* ou sur *3306*. En résumé, s'il fallait absolument classer ces 3 cépages par ordre de mérite, je proposerais : 1° *3309* ; 2° *101*[14] ; 3° *3306*. — «Il est peu de terrains calcaires, disait M. »Couderc au Congrès de Lyon, qui ne puissent se reconstituer avec ces trois »numéros de Riparia✕Rupestris. Dans presque tous les autres terrains, »ils ont d'ailleurs des avantages marqués et sur les Riparia et sur les Ru-»pestris, dont ils ont la plupart des qualités combinées sans les défauts ma-»jeurs.»

De son côté, M. Verneuil écrivait (*Progrès agricole* du 10 mars 1895, page 241) :

"…. Je crois notamment que les bons Riparia ✕ Rupestris donneront des »vignes plus vigoureuses et plus régulièrement fructifères que celles greffées »sur Riparia-Gloire de Montpellier ou Grand-Glabre, cela dans les terres à »Riparia. Si, pour mon compte personnel, j'ai encore planté cette année des Ri »paria, c'est faute d'avoir pu obtenir, à prix abordable, les kilomètres de bons »Riparia ✕ Rupestris qui m'auraient été nécessaires.»

Nous ne cesserons, pour notre part, de nous applaudir d'avoir, un des premiers, insisté sur les mérites de ces remarquables porte-greffes et d'avoir tout fait pour leur propagation.

II. — RUPESTRIS DU LOT. — Le *Rupestris du Lot* est un des cépages amé-ricains qui, en ce moment, attirent le plus l'attention : il est l'objet d'un véritable engouement. Sa fortune a été rapide : après avoir été méconnu, laissé dans l'ombre durant de longues années, il est, pour ainsi dire, d'un seul coup, arrivé au pinacle.

Lorsqu'au Congrès de Montpellier, M. Sijas, propriétaire en cette ville, vint déclarer — à propos des Rupestris auxquels on déniait toute résistance à la chlorose — qu'il avait, à Montferrier, un Rupestris magnifique, portant des greffes superbes dans un sol dosant plus de 60 o/o de chaux, l'incré-dulité fut générale ; à peine quelques voix s'élevèrent-elles pour appuyer cette communication ; elles ne furent pas écoutées. M. Sijas avait pourtant raison mille fois : seulement ce qu'il n'ajoutait pas, à tort — parce qu'il l'ignorait, — c'est que son Rupestris était le *Rupestris du Lot*, désigné et dénommé ainsi par M. Millardet, dès 1888.

Le *Rupestris du Lot*, en effet — le fait paraît aujourd'hui bien établi — est sorti de Montferrier, où M. Sijas l'avait introduit, en 1875, au milieu d'un envoi de plants reçus directement d'Amérique. M. Sijas eut l'occasion d'en expédier quelques boutures à un viticulteur de l'Aude, M. Rouaix, en 1881 ou 1882 ; celui-ci en distribua, plus tard, à d'autres viticulteurs de ce département, notamment MM. Bastardy, maire de Moux, Fabre, à Sigean et à Leucate. C'est de l'Aude qu'il fut envoyé dans le Lot, et c'est du Lot, enfin, qu'envoyé à M. de Grasset par un de ses correspondants, il fut, chez celui-ci, remarqué, étudié et désigné par M. Millardet, sous le nom de

« Rupestris du Lot. » Plus tard, en 1892, MM. Millardet et de Grasset l'appelèrent « Rupestris phénomène. »

Entre temps, il se répandait de plusieurs côtés et recevait diverses dénominations : *Rupestris-Monticola*, chez M. Richter, à Montpellier ; *Rupestris-Reich* ; *Rupestris-Gaillard* ; *Rupestris-Lacastelle* ; *Rupestris-Collineau* ; *Rupestris-Sijas* ; *Rupestris-St-Georges érigé* ; *Monticola-Rupestris*, chez M. Bary et dans tout le département de l'Aude. Ces différentes dénominations s'appliquent-elles à la même plante? Cela paraît certain, aujourd'hui, mais on en a douté pendant longtemps.

« Il importe, disait M. Millardet, en 1892, en parlant du *Rupestris-Phénomène* ou du *Lot*, de ne pas confondre cette plante avec d'autres *Rupestris* mâles comme elle : *Rupestris-Reich* (Viala et Ravaz), les *R. de Saint-Georges*, *R. Gaillard*, *R. Monticola*, *R. Sijas*, etc. Toutes ces plantes (probablement identiques) ressemblent beaucoup au *Phénomène* par la forme des feuilles, celle du sinus pétiolaire (habituellement aussi ample que possible, nul ou même aigu du côté du sommet de la feuille) et la couleur rouge de ses jeunes tiges et des pétioles. Mais le feuillage du *Phénomène* est d'un vert plus éclatant, et le limbe de ses feuilles, dans leur jeunesse surtout, se montre contourné, frisé d'une façon toute particulière. Les dents de ces derniers organes sont plus grandes, plus irrégulières, plus aiguës que chez les autres plantes. En outre, tandis que chez le *Phénomène*, à partir du sixième nœud, sur les sarments principaux, les diaphragmes ont au maximum 1 millimètre d'épaisseur et sont presque plans, tandis que la moelle y est presque deux fois aussi épaisse que le bois ; dans l'autre ou les autres *Rupestris* dont il est question, les diaphragmes ont 2 millimètres d'épaisseur et présentent la forme d'une ménisque biconcave, et la moelle n'est pas plus épaisse que le bois. Enfin, le *Phénomène* a le port plus buissonnant et la floraison beaucoup moins longue. »

« Dernièrement, écrit aujourd'hui M. Millardet, en étudiant comparativement le *Phénomène* et des échantillons frais du *R. Sijas* envoyés de Montferrier par M. Sijas lui-même, j'ai été très frappé de voir que les caractères des diaphragmes et de la moelle que j'avais constatés l'année précédente et sur lesquels je m'appuyais avant tout pour caractériser le *Phénomène* n'existaient plus. Cette variation serait-elle un effet de l'âge de la plante ou de la sécheresse de l'année ? Je ne sais. Mais je dois dire que cette observation me rend actuellement beaucoup moins affirmatif dans l'opinion qu'on vient de lire. — Tous les *Rupestris* dont il s'agit ici sont tellement semblables qu'il sera nécessaire, si l'on veut les étudier avec fruit, de ne comparer que des individus de même âge cultivés côte à côte, c'est-à-dire dans des conditions parfaitement semblables. Pour l'instant, il me semble probable qu'ils sont identiques. »

Ils le sont, en effet ; et dans les collections de l'Ecole d'agriculture de Montpellier, où ils sont plantés côte à côte, il est impossible de les différencier. En tous cas, si, *botaniquement*, leur étude séparée peut présenter quelque intérêt, *pratiquement*, tous constituent une seule et même plante. Cela étant, n'y a-t-il pas vraiment inconvénient à maintenir des appellations si diverses pour désigner un même Rupestris? En 1893, en 1895, j'ai déjà

posé la question et demandé, par dessus tout, que l'on renonçât à cette dénomination de *Rupestris-Monticola* qui, de toutes, est à coup sûr la plus fâcheuse.
Elle prête à des confusions regrettables ; et je suis heureux que, tout récemment, M. Pierre Viala, dans la *Revue de Viticulture*, M. Richter dans le
Progrès agricole aient appuyé, de leur grande autorité, cette manière
de voir. Que s'est-il produit, en effet? De *Rupestris-Monticola* on n'a pas
tardé, par abréviation, à faire *Monticola* tout court ; et, aujourd'hui, dans
nos départements du Sud-Est (Aude, Hérault, Bouches-du-Rhône), sur nos
marchés, dans les conversations entre viticulteurs, quand on parle du *Rupestris du Lot*, on dit communément *Monticola*. Or, le *Vitis-Monticola* est,
par lui-même, une plante fort intéressante ; le peu que nous en avons dit
ci-dessus, à propos du *Vitis-Berlandieri*, suffit à témoigner de cet intérêt.
Il est donc nécessaire de ne pas désigner, sous le même nom, deux plantes
qui n'ont absolument rien de commun. On avait pu supposer, un moment,
que le *Rupestris du Lot* pouvait bien être naturellement, et dans une certaine mesure, hybridé de *Monticola* ; mais c'est là une simple supposition:
d'après M. Viala, le *Rupestris du Lot* ne présente aucun des caractères du
V.-Monticola; et comme il n'a que des fleurs mâles, il est impossible de
faire des semis de graines, permettant d'étudier les retours au type. Le
Rupestris du Lot doit être, en somme, considéré, botaniquement, comme
une variété du *V. Rupestris* ; et c'est ce nom seul de *Rupestris du Lot* qui, à
l'avenir, doit lui être attribué ; pour toute dénomination de plante, le premier nom publié et imprimé doit seul rester ; M. Millardet a ici un droit de
priorité incontestable.

En voici la description (1) :

Souche très forte, vigueur puissante ; *port* érigé (les ramifications principales seules rampent sur le sol) ; *sarments* noueux, très ramifiés ; *mérithalles*
courts ; *feuilles* très peu pliées en gouttière, à bords ondulés, brillantes, à
reflet métallique clair, relativement minces ; *sinus* pétiolaire en forme d'acco-
lade ; *dents* irrégulières, bien coupées, relativement aiguës, celle qui forme
le lobe terminal est assez effilée ; *feuilles* des dernières ramifications parfois
extrêmement petites ; sommités des rameaux bronzés. Sous l'influence d'une
sécheresse extrême, les feuilles se plient en gouttière et le reflet métallique
disparaît ; *racines* un peu moins grêles que celles de la plupart des autres
Rupestris.

A l'encontre de la généralité des vignes américaines — notamment du
Rupestris-Mission et des Riparia × Rupestris — qui se couvrent parfois
de galles phylloxériques, le *Rupestris du Lot* n'en porte jamais. Les galles
avortent toujours et ne s'y développent pas ; il reste absolument indemne.
Il n'en est pas tout à fait de même de ses racines qui portent fréquemment de nombreuses nodosités, parfois des tubérosités le plus souvent

---

(1) M. Mazade : *Etude sur les Rupestris*.

rares, petites et peu pénétrantes. Je ne partage pas, sur ce point, le senti-
ment de M. Couderc ni celui de M. Coutagne, qui considèrent le *Rupestris
du Lot* comme un cépage à résistance inférieure, égalant à peu près celle
du Solonis. — Si l'on en juge, au contraire, par la façon dont se comporte
cette vigne, depuis 15 ans et plus, soit dans l'Aude, soit dans l'Hérault, où
elle a eu à subir et à traverser des périodes de chaleur et de sécheresse,
excessives, très favorables à la multiplication de l'insecte, comme aussi
par les expériences de MM. Ravaz et Mazade, il paraît plus juste de lui
attribuer une haute résistance phylloxérique dont on peut dire que, *pratiquement*, elle sera presque toujours suffisante (1). Dans leur livre « l'Adaptation », MM. Viala et Ravaz lui avaient donné la note de résistance : 19,50,
le maximum étant 20. — Dans la récente étude à laquelle nous avons déjà
fait allusion (*Choix des porte-greffes*), M. Ravaz ne lui donne plus que la
note 16. « Les racines de ce Rupestris, écrit M. Mazade, portent quelques
» tubérosités ; mais si on cherche tout à côté, sur les racines des meilleurs
» Riparias (le Riparia-Gloire, par exemple), on trouve aussi des tubérosi-
» tés, et ces tubérosités présentent à peu près les mêmes caractères que
» celles qu'on rencontre sur le *R. du Lot*. Cependant il ne vient pas à l'idée
» de mettre en doute la résistance du Riparia-Gloire (2). »

La reprise au bouturage et au greffage ne laisse rien à désirer ; et soit
hasard, soit bonheur particulier, elle n'a point été inférieure, chez moi, à
90 ou 95 o/o. Les soudures des greffes sont bonnes et le bourrelet à peine
apparent. Il drageonne trop facilement ; mais, en définitive, ce défaut se
réduit à une question de soins. Il faut détruire, dès leur apparition, ces
rejets ; et, pour les greffes-boutures, avoir bien soin d'enlever profondément tous les yeux du porte-greffe. Cette règle doit, d'ailleurs, être commune à tous les cépages quels qu'ils soient, mais elle est indispensable
pour tous les Rupestris et les hybrides de Rupestris. La proportion de reprises au greffage pour les vieux pieds est très faible. Il est possible,

---

(1) Le fléchissement qu'a tout récemment signalé M. Coutagne (*Progrès agricole du 9 février 96*) sur les *Rupestris du Lot* de ses plantations du *Rousset* ne modifie pas notre
opinion. Dans le numéro suivant du *Progrès agricole* [(*16 février 1896*), M. Bouchard dit
qu'en *Maine-et-Loire*, le *Rupestris du Lot* porte moins de nodosités phylloxériques que le
Riparia ! Le fait négatif Coutagne détruit-il le fait affirmatif Bouchard ? Nullement ; il vient
seulement à l'appui de notre thèse : *Tout cépage (hybride ou américain pur) peut, dans
certaines conditions de terrain, etc.*, *souffrir gravement des attaques de l'insecte.* Conclure
de quelques cas particuliers, peut-être exceptionnels, à la *non-résistance*, est une injustice
et une erreur. Il est aussi injuste de conclure à la non-résistance d'un hybride pour un cas
exceptionnel de fléchissement ou même de mort, qu'il serait injuste de conclure à la non-
résistance du *Rupestris du Lot*, parce qu'il se déprime dans les *terrains du Rousset* et
ailleurs.

(2) Voilà qui vient encore à l'appui de ce que nous avons dit : tubérosités sur le *Rupestris du Lot* ; tubérosités sur le *Riparia*, dit M. Mazade. Les *tubérosités* ne seraient-elles
donc condamnables que sur les franco-américains ?

cependant, d'obtenir un résultat satisfaisant, en prenant quelques précautions, et j'en veux citer un exemple. J'ai fait greffer, tout au commencement de mars 1895, une centaine de vieux pieds de *Rupestris du Lot* âgés de 5 ans, que j'avais jusque-là conservés pour la production du bois : les troncs étaient énormes, mais ils avaient fort heureusement émis de nombreux rejets qui formaient autant de ceps souterrains, utiles plutôt que nuisibles à la production du bois. Loin de faire débarrasser le vieux tronc de ces rejets, je les ai fait greffer tous ou presque tous, — partant de cet adage qu'il faut greffer sur bois jeune, — le vieux tronc recevant lui-même deux greffons : chaque souche portait ainsi 3, 4 et même 5 greffons. Les sujets ont été décapités la veille du greffage. De toutes ces greffes, pratiquées en fente pleine, 4 ou 5 à peine ont échoué ; mais bien peu de celles faites sur les vieux troncs eux-mêmes ont réussi. Les greffes faites sur rejets, sur jeunes bois, ont au contraire parfaitement pris, présentant des pousses superbes, d'une végétation et d'une vigueur magnifiques. Pareil greffage exécuté tout à côté, dans les mêmes conditions, sur vieux pieds de *1202*, a donné le même résultat ; réussite complète. Il m'a paru que le fait méritait d'être signalé.

A la suite d'un concours de greffage organisé par la Société centrale d'agriculture de l'Aude, la proportion des reprises s'est élevée à :

100 pour 100 pour 1 concurrent ;
95   —   pour 2   —
90   —   pour 9   —
85   —   pour 9   —
80   —   pour 8   —
75   —   pour 4   —

Ces chiffres sont probants et parlent d'eux-mêmes.

La vigueur du *Rupestris du Lot* est extrême ; le grossissement du tronc très rapide ; et il est nécessaire, pour les greffages en place, d'y procéder l'année qui suit la plantation, sous peine d'échec, comme aussi de décapiter les sujets assez à l'avance pour que l'écoulement des pleurs ait complètement cessé une fois le greffon mis en place. Il est des viticulteurs qui greffent le *Rupestris du Lot* l'année même de la plantation, celle-ci étant faite de très bonne heure, fin octobre ou commencement novembre, et le greffage un peu tardivement, vers la fin de mai : la réussite, en ce cas, est parfaite ; mais il y a un ralentissement marqué dans le développement de la végétation ; et le procédé ne serait pas à recommander, croyons-nous, dans les terres très calcaires.

L'aire d'adaptation du Rupestris du Lot est assez étendue (1). Non seulement il végète bien dans les argiles de la région nord de Montpellier,

---

(1) Au sujet de l'adaptation du Rupestris du Lot, voir l'article très documenté de M. Richter, *Progrès agricole et viticole* du 22 décembre 1895, pag. 666.

dans les argilo-calcaires de l'Aude, mais encore dans une foule de terrains secs ou cailouteux, calcaires ou non, où sa résistance à la sécheresse lui crée sur le Riparia une supériorité manifeste. Nous inclinerions même à penser que c'est dans les argiles compactes, dans les argilo-calcaires dont le département de l'Aude fournit tant de types, qu'est sa véritable place. Sa résistance à la chlorose est assez élevée, bien supérieure à celle du Riparia-Gloire ou Grand-Glabre, légèrement supérieure même, dans quelques cas, à celle des Riparia $\times$ Rupestris.

La belle étude que MM. Houdaille et Mazade ont publiée sur le *Rupestris du Lot* (1) nous le montre vert à Montferrier dans des sols de tuf quaternaire dosant jusqu'à 87 o/o de calcaire; — vert également à «La Plaine», à Montferrier, dans des sols d'alluvion riches, dosant 42 o/o, 35 o/o et 50 o/o de calcaire; — jaunes en revanche et nettement chlorosés: à Montferrier, dans un sol de coteau maigre, blanc jaunâtre, reposant sur une roche calcaire friable, dosant: sol 56 o/o; rocher à 0m,45: 92 o/o de calcaire; — à Montagnac dans un sol maigre, blanc jaunâtre, de faible épaisseur, calcaire molasse tertiaire, dosant: sol 63 o/o; rocher à 0m,60: 72,5 o/o de calcaire. — Dans les Charentes, où le climat est plus humide que dans le Languedoc, le *Rupestris du Lot* se chlorose nettement, même non greffé, aussitôt que la teneur du sol en carbonate de chaux atteint 30 o/o et que l'affleurement calcaire du sous-sol est à une faible profondeur.

La critique la plus sérieuse qui lui ait été adressée porte sur sa fructification. En maints endroits, on s'est plaint que les greffes sur *Rupestris du Lot* fussent ou presque infertiles, ou d'une fertilité irrégulière, ou en tous cas d'une fructification sensiblement inférieure à celle des greffes sur Riparia. Le reproche est-il fondé? — M. Richter (2) cite de nombreux exemples où cette fructification ne laisse rien à désirer, notamment le cas d'une vigne en Aramon sur *Rupestris du Lot*, appartenant à M. Vincent, à Montferrier, greffée depuis 9 ans, qui, dans les 5 dernières années, a donné une récolte représentant de 250 à 350 hectolitres à l'hectare. M. Viala et M. Barbut sont d'accord avec lui pour attester la productivité des greffes sur *Rupestris du Lot*, à la condition de leur appliquer une taille appropriée. *Cette taille devra toujours être généreuse*, et cela avec d'autant plus de raison que le terrain sera plus riche et la vigueur des ceps plus grande. Il faudra d'abord constituer une charpente solide, 7 à 8 bras, et laisser ensuite un nombre de coursons suffisant, taillés à deux yeux francs. Ceci, pour les souches basses, en gobelet, du Languedoc: car, avec la conduite des souches sur fils de fer, suivant les méthodes Guyot ou Royan, l'excès de végétation pourra être plus facilement maîtrisé. Je ne

---

(1) *Revue de viticulture* des 9 février et 16 février 1895: *Le Rupestris du Lot en terrain calcaire.*

(2) *Progrès agricole et viticole* du 22 décembre 1895, page 665.

puis cependant m'empêcher de relater ici le cas de deux vignes appartenant à M. Aubenque (Alicante × Bouschet sur Rupestris du Lot, âgées de
5 ans), propriétaire à Pomérols (Hérault), que j'ai visitées l'automne dernier, et où, malgré une taille généreuse (6 à 7 coursons et 1 pissevin), la
récolte avait été presque nulle.

S'il est finalement démontré que ces craintes sont chimériques, qu'avec
une taille appropriée à son extrême vigueur, le *R. du Lot* peut fournir ré-
gulièrement des récoltes analogues à celles du Riparia, il constituera un
des porte-greffes les plus précieux qui soient. Il faut se garder, toutefois,
de retomber dans les mêmes errements que jadis pour le Riparia et ne pas
voir en lui un porte-greffe universel. Dans la plupart des sols et en particulier dans les terres de plaine ou d'alluvion, riches, fraîches, profondes,
peu ou moyennement calcaires, il convient de lui préférer les Riparia ×
Rupestris et même le Taylor-Narbonne; le *R. du Lot* doit être réservé aux
terres d'une fertilité moyenne où la marne et l'argile dominent, où la compacité du sol exige un porte-greffe à racines plus grosses, plus charnues
que celles de ces cépages (1).

III.— LE TAYLOR-NARBONNE.— Obtenue d'un semis de Taylor par M. Paul
Narbonne, en 1880, et désignée par M. le Dr Despetis du nom de son créa-
teur, cette vigne est une démonstration éclatante des modifications profondes que le semis apporte dans les caractères des plantes issues d'une
même origine.

Le *Taylor-Narbonne* n'a qu'une vague ressemblance avec le *Taylor*; et
autant celui-ci est délaissé, autant celui-là mérite, par un ensemble de
qualités rares, d'être mis en lumière.

Il reprend de bouture aussi facilement que les meilleures variétés de Riparia. En grande culture, les manquants varient entre 10 et 15 o/o, suivant les terrains. En pépinière, ils ne dépassent guère 5 o/o. Au greffage,
il donne des reprises peut-être inférieures à celles sur Riparia, mais les
soudures sont parfaites et le grossissement du tronc marche de pair avec
celui du greffon. Il paraît s'accommoder parfaitement des diverses variétés
de vignes françaises; chez M. Despetis, où il est cultivé en grand, il porte
indifféremment l'Aramon, le Carignan, l'Alicante-Bouschet, le Terret-
Bourret, le Picpoul et même l'ancien Mourastel du pays, si difficile et si

---

(1) Nous ne croyons pas devoir parler ici du *Rupestris-Mission*, dont la résistance à la
chlorose, si l'on en juge par sa tenue dans les collections de l'Ecole d'agriculture de Montpellier, serait analogue à celle du *R. du Lot*. Il ne semble pas qu'il y ait un intérêt pratique à substituer le premier au second, ce dernier ayant, d'ailleurs, donné des preuves que
le premier, beaucoup moins connu et à peine cultivé, n'a point encore fournies. Nous nous
bornons à renvoyer ceux que cette plante pourrait intéresser à la publication de M. P. Viala
(Le *Rupestris-Mission*. Revue de viticulture du 7 décembre 1895, p. 537 et suivantes).

chlorosant. Son affinité pour nos cépages est donc, à coup sûr, bien plus grande que celle du Riparia.

Sa résistance à la chlorose est indéniable; elle dépasse celle des Riparia × Rupestris, aussi bien que celle du Rupestris du Lot. Ainsi, dans certains terrains de la Charente où le Rupestris du Lot jaunit non greffé, le *Taylor-Narbonne* reste vert, franc de pied et, une fois greffé, jaunit d'une façon moins sensible que le R. du Lot.

«Chez moi, écrit M. le Dr Despetis, en terrains très chlorosants, avec des doses de calcaire blanc-jaunâtre très friable atteignant jusqu'à 52 ou 53 o/o, il me donne d'excellents résultats; et j'en possède, dans ces conditions, environ 120 ou 130.000 pieds greffés de tout âge et dont aucun, jusqu'à présent, sauf de très rares exceptions isolées et passagères, ne faiblit.»

M. le Dr Despetis a planté le *Taylor-Narbonne* dans toutes les situations de son vaste domaine des Yeuses, tantôt dans les alluvions calcaires de la basse plaine, tantôt sur les coteaux marneux ou de tuf qui les dominent. Il est vert partout, mais c'est dans la plaine qu'il présente la plus belle végétation. C'est aussi, suivant nous, dans ces sortes de sols qu'il convient de le placer de préférence, alors que la dose de carbonate de chaux, dépassant 30 o/o environ, peut faire craindre l'insuffisance d'un Riparia×Rupestris, comme *3306*.

Il s'y trouvera, au surplus, dans de meilleures conditions pour lutter contre les attaques du phylloxera, qui semble l'affectionner particulièrement. L'insecte se développe en abondance sur ses radicelles et forme de nombreuses nodosités, souvent énormes, mais qui, pour la plupart, s'exfolient avec l'écorce, sous la simple pression de la main, laissant la partie centrale de la radicelle complètement saine et lisse. Sa résistance est, en tous cas, bien supérieure à celle du Solonis, analogue à celle du Rupestris du Lot.

Sa fructification est régulière, moins abondante pourtant (si j'en juge par mes observations personnelles) que celle du Riparia et, sans aucun doute, que celle des Riparia × Rupestris. C'est pourquoi ceux-ci devront être préférés au *Taylor-Narbonne* (aussi bien qu'au R. du Lot) toutes les fois que la dose de calcaire ne sera pas trop élevée.

Les caractères botaniques du *Taylor-Narbonne* ne sont point assez nets pour qu'il ait été possible de le classer, avec quelque certitude, dans telle ou telle variété. M. Ravaz inclinerait à voir en lui un Riparia × Rupestris; M. Couderc pencherait à le comprendre dans cette nombreuse famille des *Colorado*, dont plus d'un présente avec lui une frappante analogie. Quoi qu'il en soit, en voici la description sommaire:

Port étalé du Riparia. *Bourgeonnement* très roux, passant au rose violacé foncé, puis au vert, plus tardif (8 à 10 jours) que celui des Riparias; *feuilles* plus ou moins grandes, plus larges que longues souvent, généralement trilobées, à sinus supérieur très accusé; glabres à peu près entièrement sur les deux faces; pétiole long, nuancé de rouge; *feuilles* assez épaisses, d'un vert sombre, ayant l'aspect des feuilles de Riparia et la contexture de celles du Taylor; *sarments* longs, gros, traînants, verts et nuancés de rouge au soleil pendant la végétation, d'un brun-rougeâtre une fois aoûtés, havane légèrement rosé quand les sarments sont un peu plus jeunes; *mérithalles* très longs sur les pieds vigoureux, pouvant, dans ce cas, atteindre 20 à 25 centimètres; tronc grossissant très vite.

B. — TERRAINS NETTEMENT CALCAIRES :

(1° *de 30 à 40 o/o de carbonate de chaux*).

1202 (Mourvèdre × Rupestris)..........⎫
601 (Bourrisquou × Rupestris)..........⎬ de M. Couderc;
132-5 et 132-9 (601 × Monticola)........⎭

Aramon × Rupestris n° 1 de M. Ganzin;

33 A, A¹ et A² (Cabernet × Rupestris).. . ⎫
141 A¹ (Alicante-Bouschet × Riparia).....⎬ de MM. Millardet et de Grasset;
143 A et A¹ (Aramon × Riparia)........⎭

Colorado ε de M. Bethmont;

(2° *de 40 à 60 o/o de carbonate de chaux*).
1202.
132-5 et 132-9.
33 A, A¹ et A².

I. — *1202 (Mourvèdre × Rupestris) de Couderc.* — De tous les hybrides franco-américains, le *1202* est bien certainement le plus vigoureux, le plus séduisant aussi par le rapide développement de son tronc, son extrême facilité de reprise au bouturage, sa remarquable affinité avec les principaux cépages français. Issu d'un semis de 1883, et répandu, depuis près de dix ans, dans tous les coins du vignoble français, on peut dire que, nulle part, sa vigueur, sa haute résistance à la chlorose et au phylloxera ne se sont démenties. Parfois, des erreurs d'étiquetage ou des mélanges inconscients ont fait confondre *1202* avec quelqu'un des autres hybrides de Mourvèdre × Rupestris provenant de la même fécondation; mais ces exceptions n'ont fait que mettre davantage en relief la supériorité personnelle de *1202* sur ses frères qui, comme *1203* par exemple, ne le valent pas. A Lattes, de tous les hybrides essayés, un seul (avec 132-5 et 132-9 de Couderc, et 33 A et A' de Millardet) est resté immuablement vert, sans manifester jamais, à aucun moment, la moindre velléité de chlorose: c'est *1202.* Ailleurs, mis en parallèle avec *Gamay-Couderc* et les autres cépages du même groupe, ou avec les meilleurs hybrides de la collection de M. Millardet, il a presque partout tenu la corde, si bien que peu à peu, en Bourgogne d'abord, dans le Sud-Est et le Sud-Ouest ensuite, c'est sur lui que se sont portées les préférences. Son aire d'adaptation est très étendue : nous l'avons vu successivement très beau dans les plaines humides et profondes, dans les argilo-calcaires compacts, dans les marnes oxfordiennes de la Côte-d'Or, dans les calcaires secs des Bouches-du-Rhône et du Var, dans les groies et même dans les craies de la Charente ; «dans le midi de l'Espagne, dans les craies de Jerez, près Cadix, dit M. Salas y Amat, tous les plants essayés jaunissent, à l'exception du Berlandieri et du Mourvèdre×Rupestris n° *1202*.» « *Comme résistance à la chlorose*, a bien »voulu m'écrire M. Verneuil, le *1202 est parfait;* le principal reproche »que je lui fasse, c'est d'être, greffé en Folle, d'une fructification inégale, »comme du reste tous les Rupestris et la plupart des hybrides de Rupes-»tris, y compris le *33* de Millardet..... »

Nous reviendrons plus loin sur cette question de fructification des greffes sur Rupestris et hybrides de Rupestris, déjà effleurée à l'occasion du *Rupestris du Lot*. Il suffit, pour le moment, d'enregistrer cette résistance à la chlorose de *1202* qui est bien, en réalité, aussi élevée qu'elle peut l'être chez un franco-Rupestris, et qui est bien, en tous cas, la plus élevée de tous les franco-Rupestris connus jusqu'à ce jour. *1202* peut donc être employé indifféremment dans tous les sols calcaires ; mais c'est, croyons-nous, dans les argilo-calcaires, dans les marnes, dans les argiles feuilletées, où le carbonate de chaux sera en quantité considérable, que sa supériorité sera le plus manifeste. Là, pour peu que le greffon qu'il devra porter soit judicieusement choisi et qu'une taille appropriée à sa grande végétation lui soit appliquée, il devra donner toute satisfaction.

Description de 1202: Plante excessivement vigoureuse, à port érigé, à aspect général de Rupestris ; seuls, les sarments partant du pied de la souche sont étalés, traînant longuement à terre à plusieurs mètres de distance.— *Souche* grosse, trapue, puissante, d'un développement rapide, de couleur gris marron foncé. —*Sarments* gros, droits ou très peu sinueux et sinueux seulement par intervalle ; normalement très ronds, c'est-à-dire à section circulaire. Nœuds forts, rapprochés, à peine saillants sur le sarment, avec œils peu saillants, allongés dans les très gros sarments, en cônes aplatis dans les autres. Écailles couleur du *bois;* celui-ci à écorce finement et régulièrement striée, de couleur le plus souvent grise, mais pouvant varier suivant les terrains du havane au châtain-rougeâtre clair, toujours recouvert, au moins autour des nœuds, d'une fine pruine grise. *1202* tient de sa mère «le Mourvèdre» cette pruine très rare dans les franco-Rupestris et dans les Vinifera. Jointe à la forme ronde, elle caractérise très bien les sarments de *1202* et suffit pour les distinguer de tous autres. — *Pampres* verts, violacés du côté du soleil ; poils aranéeux, remarquablement nombreux pour un franco-Rupestris, formant presque un léger tomentum vers le bourgeonnement et ne disparaissant que fort loin de l'extrémité poussante. — *Vrilles* bifurquées, rouge vineux, jeunes, puis vert bronzé.— *Débourrement* précoce moyen. — *Feuilles* jeunes, vite dégagées, quoique restant longtemps pliées plus ou moins en gouttière, rouge orangé au premier printemps, puis vertes dans le courant de l'été, conservant seulement leur glaçure orangé à leur face supérieure. Les *feuilles*, arrivées à la moitié de leur croissance, présentent une forme bien caractéristique. Elles sont orbiculaires, à denture fort régulière, profonde et très aiguë pour un hybride de Rupestris. Le limbe en est relevé en coupe et est finement gaufré entre les nervures. Cette *denture* toute particulière et la disposition ci-dessus décrite du limbe est tout à fait spéciale à *1202* et le fait distinguer du premier coup d'œil. Dans les feuilles adultes, la denture devient moins aiguë et moins régulière ; le limbe s'étale davantage, mais en conservant la disposition en coupe et sans se révoluter ; il présente à la face supérieure l'éclat particulier du *V. Monticola. - Sinus* pétiolaire ouvert en V régulier. Angle du V 30 à 35°. — *Pétiole* court teinté de violet. — *Défoliation* automnale tardive, d'abord verte, marbrée de rouge, puis finalement rouge foncé, ce qui est très rare dans les hybrides de Rupestris. — *Fleurs* plutôt mâles à pistil ou hermaphrodites mâles ; étamines 5-6 filets très longs dressés. — *Raisin* serait grand pour un hybride de Rupestris (en général plus ou moins coulé) à grains extrêmement petits, ronds, noir bleuâtres, à goût franc et forte coloration sous la peau.

II. — *601 (Bourrisquou* $\times$ *Rupestris-Martin ou Ganzin, semis de 1883).* — Le Bourrisquou a servi de mère à M. Couderc pour un grand nombre d'hybridations : Bourrisquou par Rupestris, par Riparia, par Monticola, etc. — Les premiers ont donné naissance à une foule de plants, quelques-uns fertiles, cultivés comme producteurs directs ; d'autres d'une fertilité insuffisante, utilisés comme porte-greffes : tels *601, 603* et *604*. D'une vigueur moyenne, bien inférieure à celle de *1202*, ils offrent des aptitudes légèrement différentes : *601* est celui des trois qui supporte le plus de calcaire, avec une résistance phylloxérique qui, d'après M. Couderc, frise l'immunité. C'est ce qui l'a fait finalement préférer aux deux autres, dont la tenue a cependant, en certains endroits, été jugée excellente. *601* reprend parfaitement de bouture ; mais il offre au greffage — j'entends au greffage sur place — certaines difficultés qui lui sont communes, d'ailleurs, avec tous les Rupestris et hybrides de Rupestris (à l'exception toutefois de *1202*) : quelques précautions, quelques soins particuliers permettent de les surmonter aisément. M. Couderc affirme, toutefois, qu'il reçoit la greffe avec une très grande facilité : « En greffe-bouture, dit-il, dans les expériences »comparatives des reprises au greffage exécutées avec beaucoup de soins »dans l'Ardèche en 1889, *601, 603, 604* m'ont donné un des *quantum* les »plus élevés : *601*, 71 o/o ; *603*, 84 o/o ; *604*, 90 o/o, tandis que *Gamay-* »*Couderc*, par exemple, et les Riparias témoins n'ont donné que 50 o/o de »moyenne, et, depuis, tous mes greffages ont confirmé cette grande faci- »lité à prendre la greffe-bouture.....»

A en juger par les résultats qu'il a donnés, *601* conviendrait aux terres peu profondes, compactes ou non, où ses racines fortes, plutôt courtes et traçantes, pourront s'étaler à l'aise ; — d'après M. Roy-Chevrier, aux terrains les plus argileux, — et, d'après M. Cazeaux-Cazalet, peut-être même aux argiles froides, aux boulbènes, d'une replantation si difficile.

DESCRIPTION DE 601 : *Aspect général* de Rupestris à port érigé. — *Sarments* jaunes-violacés, gros, coniques, droits, noués, moyennement courts, avec *œils* gros arrondis, laissant voir souvent un duvet blanc ; — *feuilles* vert-jaunâtre, généralement planes, avec nervures saillantes, super très glabre sur les deux faces, rondes et entières avec 35 à 40 *dents* larges, irrégulières, profondes et peu aiguës (les feuilles des rameaux secondaires sont souvent plus ou mois trilobées et contournées). — *Sinus ombilical* moyennement ouvert en V aigu. *Pétiole* renflé et contourné à la base, presque glabre — *Feuillage* très souvent taché de mélanose. — *Défoliation* automnale tardive, jaune. — *Vrilles* très grêles, bifurquées, vite caduques. — *Pampres* très envinés, glabres. — *Débourrement* précoce, d'abord roussâtre, avec écailles grenat, puis verdâtres, rayées de vineux, avec jeunes feuilles vert-jaunâtre. — *Manne* allongée, verte, très envinée et très poilue. — *Bractée* étroite. — *Bractéoles* très courtes mais nombreuses. — *Fleurs* hermaphrodites-mâles à étamines droites, bien conformées, ne coulant pas. — *Corolle* assez grosse, verte, vaguement pointée de brunâtre. — *Urcéoles* vertes. — *Ovaire* moyen, conique. — *Stigmate* très court en cylindroïde allongé, blanc ou teinté de violet. Parfois le pistil des fleurs venues sur des sarments plus vigoureux avorte, de sorte que ces grappes sont entièrement ou partiellement mâles (rare). — *Raisins* de 25 cent. de long, cylindro-coniques, assez lâches. — *Pédoncule* long, semiligneux. — *Rafle* assez forte, ailée, bien subdivisée, avec bractéoles persistantes aux subdivisions. — *Pédicelles* courts, grêles, avec disque petit, bien détaché. — *Grains* de 12 à 14 m.m., ronds, noirs, avec fleur bleue, chair jaunâtre. — *Peau* fine. — *Pinceau* rouge-noir, pourrit assez facilement. — *Verdaillons* souvent nombreux. — *Maturité* tardive. — *Vin* très fin, coulant peu, mais suffisamment coloré (1 couleur 1/2, 3me rouge violet), sans aucun goût de Rupestris, 8 à 9° d'alcool. — *Production* très variable, serait fort belle si le grain était plus gros.

III.—*132-5 et 132-9 (601╳Monticola)* de Couderc.— Les *132-5* et *132-9* sont les plus remarquables d'un groupe d'hybrides complexes à 3/4 de sang d'américain et 1/4 de sang de Vinifera. Hybrides de seconde génération de *601*, c'est-à-dire de Bourrisquou╳Rupestris, par *Vitis Monticola*, ils tiennent de leurs ascendants les qualités réunies qui les distinguent : 601 par lui-même, quoique très résistant à la chlorose, serait insuffisant pour les craies ; l'introduction du sang d'une vigne aussi calciphile que possible — comme est le Vitis Monticola — lui apporte cette faculté. *132-5* et *132-9* possèdent le plus haut degré de résistance à la chlorose calcaire, en même temps qu'une résistance de premier ordre au phylloxera ; ils tiennent, en outre, de 601 une facilité de reprise au bouturage et au greffage que, seul, le V. Monticola n'aurait pas. En greffes sur place, ils m'ont donné, à Lattes, environ 75 à 80 o/o de reprises ; en greffes sur table, ils ont donné à M. Roy-Chevrier et à M. Couderc plus de 60 o/o de réussite. Moins vigoureux que 1202, plus vigoureux pourtant que 601, ils constituent, avec leurs racines extrêmement fortes, sèches et dures, des porte-greffes tout désignés pour les calcaires secs, pierreux, arides, comme ceux où végète le Vitis-Monticola ; ce qui ne veut pas dire qu'ils ne viendront pas très bien ailleurs, par exemple dans les argiles et les marnes : chez M. Roy-Chevrier, comme à Lattes, ils sont placés dans des argilo-calcaires et s'y comportent parfaitement. Dans les craies de la Charente ou de la Champagne, ils pourront égaler le *41*B de MM. Millardet et de Grasset, et le dépasser même, peut-être, à cause de leur plus grande vigueur, aussitôt que la couche arable atteindra une certaine profondeur. Avec leurs feuilles vernissées et très découpées, comme celles du V. Monticola, l'extrémité de leurs jeunes pousses d'un rose tendre, recouvert d'un léger tomentum blanc, *132-5* et *132-9* présentent une ressemblance frappante, des caractères extérieurs pour ainsi dire identiques, et peuvent être indifféremment employés. A peine les sarments de *132-5* accusent-ils une couleur d'un rouge-brun plus foncé que ceux de *132 9*. Leur description est la même :

132-5 et *132-9* : *Plantes* vigoureuses, d'un développement prompt. — *Aspect général* du V. Monticola par la gracilité des jeunes rameaux et du feuillage, et du V. Rupestris par le port érigé et l'abondance des bois. — *Sarments* gros, coniques, moyennement longs, de couleur brune nuancée de rouge brique ; à surface fortement striée ; cannelures profondes à la base des gros sarments, moins sensibles au sommet ; tiges très jeunes d'un rose tendre, recouvertes d'un tomentum blanc abondant ; entre-nœuds assez rapprochés ; — nœuds bien accusés, proéminents ; — œils gros, arrondis, pubescents ; — rameaux fasciés nombreux, plutôt grêles. — *Feuillage* d'un vert très tendre, rappelant de très près celui du V. Monticola ; — *feuilles* finement découpées, très irrégulières, parfois mais rarement planes, d'autres fois révolutées sur les bords, d'autres fois presque enroulées, ou repliées en gouttière ; très vernissées ; — face supérieure luisante, lisse, presque glabre ; face inférieure pelucheuse ; — nervures accusées, recouvertes de bouquets de poils ; dents proéminentes, aiguës, petites, multipliées, pubescentes au bord. — *Défoliation* automnale tardive.

IV. — *Aramon* × *Rupestris-Ganzin* N° *1* de M. Ganzin. — L'*Aramon* × *Rupestris-Ganzin* N° *1* est un des porte-greffes les plus précieux pour les terres argilo-calcaires compactes, d'une fertilité médiocre, si nombreuses dans l'Aude, la Haute-Garonne et le Gers (1). Il y a une puissance de végétation telle que, la seconde année de la plantation — que celle-ci ait été faite en boutures ou en racinés, — le diamètre de la tête augmente au point qu'il est souvent difficile de pratiquer la greffe en fente pleine ou anglaise. L'irrégularité de la reprise au greffage est la principale critique qui lui ait été adressée. Ici, des insuccès partiels, là, une réussite presque absolue. Il semble que les réussites les meilleures aient lieu lorsqu'on greffe, *après un an seulement*, des pieds dont la vigueur et le développement ne sont pas excessifs et qu'on opère *tardivement* et même après la décapitation préalable du sujet ; comme pour le Rupestris du Lot, d'aucuns greffent l'*Aramon* $\times$ *Rupestris* l'année même de la plantation. C'est, de tous les Vinifera $\times$ Rupestris, celui dont la fructification est la plus abondante. Il semble que l'introduction du sang d'Aramon — cépage d'une fécondité inouïe — l'ait doué, sur ce point, de qualités privilégiées qui le mettent sur le même rang que les meilleurs Riparias. A Lattes, il porte des greffes d'Aramon réellement magnifiques, dont la fertilité égale presque celle des greffes voisines sur Riparia $\times$ Rupestris. Nous avons vu le cas que font de lui, dans le Gers, M. le professeur Lacoste, dans l'Aude, M. Buscail. Il n'est pas inutile de citer, en passant, d'autres opinions non moins favorables.

M. Cavaillez (1), propriétaire à Castelnau-d'Aude, a surtout observé les *Aramons* $\times$ *Rupestris Ganzin N*os *1* et *2*. Tant dans ses vignes de Saint-Couat que dans celles de Castelnau, M. Cavaillez cultive ces hybrides depuis 1888 et en possède actuellement (1893) plus de 40.000 pieds greffés. L'*Aramon* $\times$ *Rupestris N° 1*, supérieur à son congénère comme vigueur, occupe la place la plus importante et on le trouve dans toutes les natures de sols, depuis les alluvions les plus favorables de la rivière d'Aude jusqu'aux argiles compactes et assez riches en carbonate de chaux — de 18 à 20 o/o — dans lesquelles il porte également de superbes greffes. Dans ces argilo-calcaires, l'*Aramon* $\times$ *Rupestris* a été mis en parallèle avec le *Gamay-Couderc* et le Mourvèdre $\times$ Rupestris N° *1202* qui, plantés depuis 1889, portent aussi des greffes très vigoureuses et exemptes de chlorose. Le *1202* surtout a des greffes de toute beauté... «En juillet 1893, dans une excellente terre d'alluvion, près de Saint-Couat, nous avons (dit M. Barbut) attentivement examiné des greffes faites à la fin de mai 1892, les unes sur *Aramon* $\times$ *Rupestris* planté en *boutures* en 1891, les autres sur Riparia-Gloire de Montpellier planté à la même époque en *racinés* ; les premières avaient des soudures plus parfaites, ne présentaient aucune différence de diamètre et offraient un développement incomparablement supérieur aux secondes ; la fructification y était de même un peu plus abondante. Des observations attentives, poursuivies depuis quatre ans, permettent de dire que les greffes sur *Aramon* $\times$ *Rupestris* perdent leurs feuilles plus tard que celles sur Riparia, qu'elles portent des raisins à pédoncules et pédicelles plus gros et à grains plus serrés, — chez M. Cavaillez, la différence était très nette à cet égard, — et qu'elles

---

(1) Nous empruntons les détails qui suivent au remarquable rapport adressé à la Société centrale d'agriculture de l'Aude, par M. Barbut, professeur départemental, en janvier 1894. Un des points les plus intéressants vise la tenue de l'*Aramon* $\times$ *Rupestris* dans une terre alluvion non calcaire en parallèle avec le Riparia.

ont l'inconvénient de retarder de cinq à six jours la maturation des fruits, ce qui n'a guère d'importance dans notre région et est en opposition avec ce que disent MM. Viala et Ravaz de l'ensemble des hybrides de V. Vinifera et Rupestris qui passent pour mûrir hâtivement leurs raisins une fois greffés. Etant donné que les deux types d'*Aramon* × *Rupestris* sont indemnes de phylloxera, ils nous paraissent appelés à rendre de sérieux services pour la reconstitution de quelques-unes de nos terres difficiles, celles où jaunissent les bonnes formes de Riparia et celles que l'on désigne communément dans le Midi sous le nom de terres à Jacquez.»

Un fait à noter, c'est la grande puissance et la constitution propre du système radiculaire de cet hybride. Les racines tracent plus qu'elles ne plongent, elles s'étagent sur le corps souterrain de la souche. Après quelques années de plantation, elles se multiplient tellement qu'elles garnissent bientôt d'un réseau enchevêtré tout le cube de terre occupé par la plante. Aussi, l'*Aramon* × *Rupestris N° 1* paraît-il merveilleusement adapté dans les argilo-calcaires à sous-sol imperméable, dont les terres de *Laure* (Aude) sont le type.

DESCRIPTION. — *Aramon* × *Rupestris N° 1.* — *Souche* extrêmement vigoureuse, très forte, trapue, à sarments longuement traînants.

Bourgeonnement rouge carmin obscur, bronzé, violacé; *sarments* jaunes carminés violacés, avec cannelures plus claires sur fond vert; *feuilles* moyennes sur les sarments principaux, petites sur les ramifications latérales, presque entières, parfois trilobées, d'un vert un peu terne, glabres.

Bois d'hiver gros ou très gros, strié, parfois mais rarement cannelé, à couleur variant du rouge-brique clair faiblement carminé au noisette lavé de blanc ou de jaune, moucheté de piqûres et parfois de maculatures brun-noirâtre.

D'une façon générale, la teinte de l'*Aramon* × *Rupestris N° 2* est de nuance plus claire; le bourgeonnement est vert clair bronzé, lavé de rouge; les sarments ou bois d'hiver fréquemment cannelés, noisette clair. Mais ce qui différencie par dessus tout les deux numéros, leur signe extérieur nettement distinctif, c'est la teinte des extrémités à l'automne. Dans le N° 1, elles se colorent en rouge vif, allant parfois au rouge pourpre; dans le N° 2, elles restent vertes ou pâlissent, sans rougir jamais.

V. — *33 A*; *A¹*; *et A²* (*Cabernet* × *Rupestris-Ganzin*), de MM. Millardet et de Grasset.

Les *33* sont, à la collection de MM. Millardet et de Grasset, ce que *1202* est à la collection de M. Couderc. Ils en tiennent la tête et, par un ensemble remarquable de qualités, justifient la préférence dont ils sont l'objet sur les autres porte-greffes des mêmes hybrideurs. *33 A*, *33 A¹*, *33 A²*, plantes sélectionnées appartenant à la même hybridation, ont une valeur analogue : même résistance au phylloxera et à la chlorose, même facilité de reprise au bouturage et au greffage, même fructification : placées côte à côte dans les mêmes champs d'essais, elles se sont comportées d'une façon sensiblement pareille lorsque le terrain était homogène. Elles peuvent donc être employées indifféremment; elles donneront les mêmes résultats. Leur aire d'adaptation est fort étendue. C'est ainsi que nous les avons vues successivement très belles chez M. Bethmont, dans les groies très maigres, très pierreuses de la Charente et, chez M. Thibaut, dans les argiles compactes, humides du Gers, et adoptées ici et là comme base de la reconstitution. A Lattes, elles se sont montrées légèrement inférieures à *1202*, et nous ne croyons pas nous tromper en attribuant à celui-ci une vigueur plus grande, une résistance à la chlorose plus élevée. Cette vigueur est néanmoins fort belle : M. Millardet, par exemple, a mesuré, en 1891, quelques-unes des plantes-mères, semées en 1883 et plantées par M. de Grasset à Pézenas, dans un terrain silico-argileux profond, de fertilité moyenne. Pour trois plantes-mères, prises au hasard, les circonférences respectives, au niveau du sol, ont été de 28, 30 et 33 centimètres, soit en moyenne un peu plus de 30 centimètres de tour par plante. C'est encore, sans doute, dans les sols calcaires où l'argile domine que les *33* se trouveront le mieux placés pour un rapide et fécond développement.

Description. — *Plantes* vigoureuses, très rustiques, à port habituellement subérigé, à facies de *Rupestris. Feuillage* d'un vert assez foncé. *Feuilles* plutôt petites, pliées, creuses, à peu près complètement glabres sur les deux faces et au bord. *Bois* légèrement coudés aux nœuds, à entre-nœuds courts, de couleur châtain plus ou moins claire, souvent parsemés de petites ponctuations noires, saillantes, par suite un peu scabres.

Plantes stériles. *Feuilles* plus ou moins colorées en rouge à l'arrière-saison.

A¹. Feuilles supérieures entières ou à peine lobées.

Feuilles supérieures 3-5-lobées.

A². Feuilles supérieures plutôt 3 que 5-lobées.

A. Feuilles supérieures 5-lobées, le plus souvent peu colorées à l'arrière-saison.

VI. — *141 A¹* (Alicante-Bouschet × Riparia; — *143 A et A¹* (Aramon × Riparia) (de MM. Millardet et de Grasset). — Les hybrides de Vinifera par Riparia, auxquels appartiennent les *141* et les *143* de la collection de MM. Millardet et de Grasset, sont indiqués par MM. Viala et Ravaz et aussi par M. Millardet comme plus résistants à la chlorose que les Vinifera-Rupestris. La proposition est juste sans doute pour la chlorose calcaire, j'entends pour celle que détermine l'excès de carbonate de chaux seul ou à peu près seul ; elle devient moins juste peut-être pour la chlorose provenant d'autres causes : quand la compacité, quand l'humidité du sol se joignent au calcaire, les Vinifera-Rupestris se montrent, semble-t-il, plus résistants à la chlorose. Je n'en veux pour preuve que mes expériences de Lattes, où pas un hybride de Vinifera-Riparia n'a pu supporter, sans jaunir, le greffage en Petit-Bouschet. Le fait serait-il vrai, d'ailleurs, en principe que, dans les cas particuliers qui nous occupent, il ne se confirmerait pas. Ni dans les craies de Conteneuil, ni ailleurs, les *141* et les *143* n'ont accusé de supériorité sur les *33* ou sur *1202*. Ils offrent, malgré cela, des avantages sérieux et peuvent rendre les plus grands services dans les sols calcaires secs, meubles et légers, moins chlorosants que ceux des Charentes, tels que ceux de l'étage jurassique, pour lesquels leur système radiculaire, analogue à celui des Riparias, les désigne plus particulièrement. Reprenant très aisément de bouture, ils se greffent sans difficulté d'aucune sorte ; leurs greffes ont une fructification abondante, plus régulière, en général, que celle des franco-Rupestris.

Les *143* sont un peu moins résistants à la chlorose que le *141 A¹*.

DESCRIPTION. — *141 A¹*. — *Plante* vigoureuse, à port traînant. *Bois* de couleur claire, peu striés, lisses, habituellement un peu aplatis et même offrant d'un côté, sur les plus gros sarments, un sillon longitudinal très marqué, étendu d'un nœud à l'autre ; à entre-nœuds de longueur moyenne (ne dépassant pas 15 centimètres), augmentant et diminuant régulièrement.

Feuilles grandes, étalées, planes ou légèrement creusées, à bords réfléchis, lisses, luisantes, comme graisseuses en dessus, à facies de *Riparia* par la grandeur, l'inégalité et l'acuité des dents.

Feuilles inférieures, moyennes et même supérieures, toujours plus ou moins pubescentes, à la face inférieure des nervures et au bord extrême. Limbe généralement plus large que long, à lobe moyen subaigu et obtus. *Feuillage* d'un rouge vif en octobre.

143. — *Plantes* très vigoureuses, à port traînant. *Feuillage* de couleur très claire. *Feuilles* grandes en général, cordées, facies de *Riparia*. *Bois* droits de couleur claire, lisses. Entre-nœuds de longueur moyenne.

Feuilles jamais tachées de rouge.

A. Plante fertile.

A¹. Plante stérile présentant des poils laineux assez fréquents à l'extrémité des pousses, sur les jeunes feuilles et vrilles.

Feuilles anciennes notablement pubescentes et même laineuses, surtout en dessous, sur les nervures. Bord de la feuille légèrement laineux et pubescent.

VII. — *Colorado* ε de M. Bethmont. — Le *Colorado* ε fait partie d'un groupe de plantes dont l'essai a été pratiqué seulement sur quelques points restreints: M. Millardet, M. Bethmont, M. Verneuil, M. Ravaz et M. Couderc sont à peu près les seules personnes, à ma connaissance, qui les aient cultivées. C'est en 1883 ou 1884 que M. Millardet reçut de M. Engelmann une grappe qualifiée par lui de *Riparia du Colorado*. Il en fit aussitôt une quinzaine de semis, dont les premières boutures furent toutes ou presque toutes envoyées à M. Bethmont. Plantées aussitôt par celui-ci au milieu de ses belles collections de «La Grève», elles ne tardèrent pas à attirer son attention. Une d'elles surtout, le ε, manifesta une résistance toute particulière à la chlorose et au phylloxera et devint, par suite, l'objet d'une sélection rigoureuse et d'une plantation plus étendue. Les autres ne paraissent pas avoir la même valeur ; et, soit chez M. Bethmont, soit chez M. Verneuil, soit chez M. Ravaz, n'ont pas donné de résultats nettement satisfaisants : quelques-uns ont jauni ; plusieurs, d'après M. Ravaz, se sont montrés très sensibles aux attaques du phylloxera, attestant ainsi une fois de plus la différence profonde qui existe entre les plants d'un même semis. Quant au ε, sa tenue chez M. Bethmont (qui semble, d'ailleurs, être seul à le posséder, les types qui sont entre les mains de MM. Ravaz et Verneuil étant vraisemblablement différents) a été telle que son heureux propriétaire le met au premier rang des nombreux cépages par lui étudiés et qu'il en fait la base de la reconstitution de son magnifique vignoble. La confiance qu'un homme de la compétence et de l'autorité de M. Bethmont, intéressé, dans le cas particulier, à ne pas se tromper, attribue au *Colorado* ε, doit suffire à tirer ce cépage de l'obscurité.

Cette confiance est légitimée, il faut le dire, par la haute résistance à la chlorose et au phylloxera du *Colorado* ε, laquelle ne s'est pas démentie un seul instant. Les pieds-mères, plantés en 1888, à côté du Rupestris Martin, aussi bien que les plus anciennes greffes, qui datent de 1889, n'ont jamais présenté trace de chlorose ; greffés en *Folle* ou en *Balzac*, qui est bien le greffon le plus chlorosant des Charentes, ce sont, avec les *41*, les *29*, le *1202*, et quelques autres hybrides de Berlandieri non résistants, les seules plantes qui n'aient jamais jauni. En 1895, dans un champ nouvellement défoncé, une très légère chlorose s'est manifestée sur les *33* ; plantés tout à côté, les *Colorado* ε en sont demeurés absolument exempts.

C'est donc par suite d'une erreur — très facilement explicable en l'absence de M. Bethmont — que M. Degrully, dans la relation qu'il a faite en 1895 de son excursion dans les Charentes, note le *Colorado* ε comme «vigoureux, mais légèrement jaune.» Les notes de M. Bethmont prises avec un soin et une régularité parfaits ne laissent aucun doute sur ce point.

La résistance au phylloxera est, jusqu'à présent, tout aussi excellente. On sait que M. Bethmont, praticien consciencieux doublé d'un savant, poursuit à La Grève des expériences portant à la fois sur la résistance à la chlorose et au phylloxera : ses observations, quand il arrive à une conclusion, présentent le caractère d'une quasi-certitude. Les notes données en 1895, à la suite des fouilles fréquentes pratiquées sur les racines, ont été successivement : 8 ; 8 ; 7,5 ; 7,5 ; 8 (le maximum étant 10) ; les notes des années précédentes étaient identiques.

Or, les premiers pieds de *Colorado* ε ont été plantés sur arrachis de Jacquez, morts du phylloxera, à côté de cépages d'une résistance de tout premier ordre, comme les *Cordifolia*, les *Rupestris-Martin* ou les *Riparias* pubescents.

Le *Colorado* ε a une vigueur moyenne, un peu inférieure à celle du Riparia pubescent, analogue à celle du Rupestris-Martin. Une fois greffé, il se développe normalement, le grossissement du tronc égalant toujours celui du greffon, sans formation de bourrelet au point de soudure, lequel n'est pas ou est à peine perceptible. La fructification des greffes est abondante, semblable à celle des greffes sur Berlandieri ou hybrides de Berlandieri.

Le *Colorado* ε, dont les racines mi-plongeantes tiennent, au point de vue de la direction dans le sol, le milieu entre les racines du Riparia et celles du Berlandieri, constitue, dans les groies charentaises, où il a été placé par M. Bethmont, un porte-greffe réellement remarquable. Il est permis de penser qu'il réussira partout, dans ces sortes de sols, comme il l'a fait à La Grève ; il pourra — avec les *33* de M. Millardet, le *1202* et les *132-5* et *9* de M. Couderc — coopérer utilement à la replantation de cette partie importante des Charentes. M. Bethmont en possède actuellement près de 2,000 pieds de tout âge, greffés ou non greffés.

Les *Colorados*, parmi lesquels le seul qu'il soit actuellement intéressant de retenir est le *Colorado* ε, sont manifestement des hybrides de Riparia ; mais il n'a pas été possible jusqu'à présent de déterminer nettement leur filiation. M. Millardet avait cru tout d'abord voir en eux des Riparia ✕ Rupestris ; M. Ravaz suppose que ce sont des Riparia ✕ Monticola ; rien n'est venu démentir, mais rien non plus n'est venu confirmer l'une ou l'autre de ces manières de voir. Le fait est, au surplus, sans intérêt cultural ; il n'enlève ou n'ajoute rien aux mérites réels de ces cépages (1).

C. — TERRAINS CRAYEUX

41 B (*Chasselas* ✕ *Berlandieri*) de MM. Millardet et de Grasset. — *132-5 et 132-9* (*601* ✕ *Monticola*). — *1202 Mourvèdre* ✕ *Rupestris*), de M. Couderc.

Formes sélectionnées de *V. Berlandieri* ?
—   —   de *V. Monticola* ?
157-11 et 157-10 (Berlandieri de las Sorres ✕ Riparia-Gloire de Montpellier) de M. Couderc ;
    218 et 219 (Rupestris ✕ Berlandieri) de MM. Millardet et de Grasset.

I. — *41 B* (Chasselas ✕ Berlandieri) semis de 1883. — MM. Millardet et de Grassset ont publié (2), il y a un an à peine, une étude complète de cet hybride, à laquelle ils ont donné le développement que comporte l'impor-

---

(1) Malgré notre désir, il ne nous est pas possible de donner ici la description du *Colorado* ε. Personnellement, nous ne l'avons pas suffisamment étudié, et M. Bethmont, à qui nous nous sommes adressé *tardivement*, en décembre dernier, n'a pu retrouver dans ses herbiers des feuilles assez bien conservées pour lui permettre une description d'une exactitude absolue. Nous nous excusons de cette lacune.

(2) *Revue de Viticulture*, t. II, pp. 513 et 546.

tance du sujet et le grand intérêt qu'ils y attachent, à juste titre, puisqu'ils y voient la solution de la replantation des craies charentaises.

Dans une communication faite à peu près à la même époque à l'Académie des Sciences, M. Millardet écrivait : « L'Académie apprendra, sans doute » avec intérêt, qu'un hybride de *Chasselas* et *Berlandieri* (n° 41 de notre » collection), étudié depuis six ans dans les terres les plus chlorosantes » du Midi, du Sud-Ouest et de l'Ouest, comblera cette dernière lacune. De » même que dans les calcaires d'eau douce de l'Hérault et dans les marnes » lacustres du Gers, il a toujours donné dans les sols crayeux des Cha- » rentes (Petite et Grande Champagne) et de la Dordogne, là où la dose de » craie dans le sol varie entre 23 et 66 o/o, les meilleurs résultats, soit » au point de vue de la résistance à la chlorose et au phylloxera, soit en » ce qui concerne la vigueur et la fructification de ses greffes. »

Par une heureuse exception aux hybrides de Berlandieri, dont la résistance au phylloxera laisse, en général, beaucoup à désirer (1), *le 41* présente, en effet, une résistance de premier ordre, comparable, d'après M. Millardet, à celle du *Riparia-Grand-Glabre*, le plus résistant de tous les Riparias suffisamment étudiés. Quant à sa résistance à la chlorose, elle est aussi élevée qu'il est possible, ainsi qu'en témoignent les essais entrepris dans les sols les plus chlorosants de la Charente, de la Dordogne, du Gers et de l'Hérault. Mais c'est en Charente, surtout, que ces résultats ont été les plus nets, les plus caractéristiques ; à Conteneuil, à Julliac-le-Coq, à Marsville, pour ne citer que ceux-là, le *41* accuse ses aptitudes pour les terres crayeuses à couche arable très peu profonde, à sous-sol de rocher crayeux extrêmement chlorosant. C'est bien là qu'il est appelé à rendre les plus signalés services, supérieur aux meilleures formes actuellement connues de *Berlandieri* par sa vigueur plus grande, sa rusticité, *sa reprise facile de bouture*, son affinité pour le greffage, la fécondité régulière de ses greffes.

Une des qualités dominantes de *41* est, en effet, la régularité et l'abondance de sa fructification. « Greffé en Folle, m'écrit M. Verneuil, les *41* ont, »à Conteneuil, comme les autres hybrides de Berlandieri, une fructification »toujours régulière et abondante... Je les préfère à *1202* à raison de cette »régularité de fructification... »

_____

(1) Le *41* est peut-être, jusqu'ici du moins, le seul exemple d'hybride de Vinifera × Berlandieri réellement résistant. Il semble que le sang de *Berlandieri* suffise à en lever la résistance à l'insecte dans les hybrides qui en sont issus. M. le docteur Davin, par exemple, qui a toute une série d'hybrides de Vinifera × Berlandieri (notamment un Cabernet × Berlandieri qui a bien, croyons-nous, quelque vague parenté avec le *Tisserand* (n° 333 Cabernet × Berlandieri) de l'Ecole d'Agriculture de Montpellier), n'en recommande aucun comme résistant. C'est parce que le *Berlandieri* ne lui a jamais donné que des mécomptes et des déboires à cet égard, que M. Couderc, qui en possède cependant une collection magnifique, a renoncé à l'employer dans ses hybridations et qu'il s'est adressé au « *Vitis-Monticola*. »

Ses bois mûrissent et s'aoûtent parfaitement, même sous le climat humide du Bordelais et des Charentes ; ils sont généralement gros et de forme régulière, faciles au greffage sur place ou à l'atelier. Sa reprise au bouturage est voisine de 80 o/o. Ses greffes sont remarquables par la régularité des soudures ; le plus souvent le renflement au point de soudure est insensible ou presque nul. Le *41* participe à cette propriété des hybrides franco-américains, sur laquelle nous ne saurions trop revenir, de grossir autant que grossit leur greffon, de ne pas présenter de bourrelet de soudure — particularité qui atteste l'affinité profonde de ces porte-greffes et de nos cépages, et est du plus heureux augure pour la durée des vignobles ainsi reconstitués.

Quoique supérieure à celle des *Berlandieris*, la vigueur du *41* est toutefois plutôt ordinaire ; nous l'avons constaté dans nos terres fertiles de Lattes où des racinés de cet hybride, plantés en février 1895, n'ont acquis qu'un médiocre développement, également à l'Ecole d'agriculture de Montpellier, où, dans les marnes de l'Ecole, ils demeurent presque chétifs, quoique très verts. Aussi, inclinerions-nous à penser que, dans certaines terres crayeuses, d'autres hybrides, comme *132-5* et *132-9* pourraient peut-être le dépasser. *132-5* et *132-9* sont des plantes très vigoureuses: aussitôt que la couche arable atteindra 40 centimètres, par exemple, elles y prendront des assises, un développement que le *41* atteindrait, semble-t-il, difficilement. Cela serait plus vrai encore dans les sols marneux qu'un mélange de craie rend très chlorosants: là, *1202* aurait sa place marquée à côté de *132-5* et *9*, surtout si ces sols souffraient d'un excès d'humidité pendant la belle saison.

En résumé, on réussira dans la craie et dans les sols les plus chlorosants soit avec *41 B*, soit avec *132-5* et *9* et même avec *1202*, suivant que le terrain sera plus ou moins profond, plus ou moins sec, plus ou moins humide. Les *Berlandieris* et leurs hybrides seront, croyons-nous, contre-indiqués dans les terres mouillées, non drainées, ou se ressuyant mal. Peut-être faudra-t-il faire exception pour les Rupestris × Berlandieri (218 et 219 de MM. Millardet et de Grasset), dont les racines s'adapteront mieux à ces natures de sols ; les données expérimentales que nous possédons sont encore insuffisantes. Il est douteux, malgré tout, qu'ils puissent jamais s'y montrer supérieurs aux *132-5* et *9* ou à *1202*.

Description (1) *de 41.* — *Plante* très vigoureuse, à port étalé, fertile, ressemblant beaucoup, à première vue, à un *Berlandieri* pur.

Bois de l'année gros, souvent un peu coudés aux nœuds, notablement aplatis et fréquemment canaliculés d'un côté, d'un nœud à l'autre, à la base des plus fortes pousses ; arrondis dans le milieu de ces dernières ; arrondis sub-

---

(1) Cette description est celle qui a été donnée par MM. Millardet et de Grasset dans l'étude citée plus haut. Nous nous bornons à la reproduire telle quelle.

polygonaux vers leur sommet. Bois de couleur vert clair ou un peu jaunâtre dans leur jeunesse, de couleur brun-havane à l'état de maturité complète, ornés de bandes longitudinales plus foncées à la base des gros sarments ; d'un brun plus clair, très légèrement pruineux dans leur partie moyenne et extrême. Surface des bois assez fortement striée à la base des gros sarments, glabre sauf au sommet des pousses où se voient quelques petits pelotons laineux blanchâtres. Diaphragmes de un et demi à deux millimètres d'épaisseur, concaves en dessus et en dessous. Moelle médiocrement épaisse relativement au bois proprement dit, jamais deux fois aussi épaisse que ce dernier. — *Vrilles* longues, bifurquées. — *Entre-nœuds* de longueur souvent irrégulière, de grandeur moyenne (ne dépassant guère 12 centimètres). Nœuds peu renflés. — *Bourgeons* à duvet blanchâtre au sommet, ferrugineux sous les écailles ; à la pousse du printemps, d'abord violacés, se nuançant ensuite de grisâtre et devenant enfin de teinte plus ou moins bronzée ainsi que les jeunes tiges. A cette époque, les jeunes feuilles sont à la fois pubescentes et lanugineuses.

Feuillage d'un beau vert, jamais teinté de rouge en automne, mais prenant à cette époque une teinte jaune vif.

Feuilles à pétiole presque toujours plus court que le limbe, d'un vert jaunâtre, souvent légèrement enviné à l'automne ; faiblement pubescent et lanugineux ; portant un sillon longitudinal à peine marqué du côté supérieur ; à coupe (dans sa région moyenne) subarrondie, polygonale du côté inférieur, en dos d'âne ; avec une faible dépression médiane du côté supérieur. — *Limbe* presque toujours plus large que long, habituellement très étalé ou seulement un peu plié suivant sa longueur ; de forme générale arrondie-pentagonale à la base des sarments ; un peu cordée au sommet ; sub.-5 lobé sur les feuilles inférieures, sub.-3 lobé sur les moyennes, presque entier sur les supérieures. — Lobes subaigus chez les feuilles inférieures, le plus souvent obtus, et très obtus chez les moyennes et supérieures. Sinus latéraux subaigus ou obtus comme les lobes, le pétiolaire ouvert en V ou en U. — Dents presque toujours d'une seule sorte, petites, obtuses ou arrondies, pubescentes au bord. — Consistance du limbe plutôt épaisse et résistante. — Face supérieure lisse, luisante, presque glabre. Face inférieure de teinte plus pâle, brillante dans l'intervalle des nervures. Ces dernières, toutes plus ou moins pubescentes et pelucheuses. Les quatre grandes nervures latérales naissant souvent deux par deux de deux courts troncs communs. Petits bouquets de poils subulés et laineux, à l'aisselle des nervures principales du côté inférieur de la feuille.

Fleurs hermaphrodites, à étamines courtes......

II. *Formes sélectionnées de V. Berlandieri et de V. Monticola.* — L'isolement des variétés les plus méritantes du *V. Berlandieri* semble avoir été fait, au cours de ces dernières années, par MM. Viala et Ravaz : ce sont les Berlandieris dénommés *Berlandieri-Rességuier N⁰ˢ 2 et 1* ; — *Berlandieri Denière* ; — *Berlandieri d'Angeac* ; — *Berlandieri Malègue* ; — *Berlandieri de Lafont N⁰ 9*.

Toutes les formes qui ont l'extrémité des jeunes rameaux et les jeunes feuilles recouvertes d'un tomentum blanc abondant, ce qui est l'indice d'une hybridation certaine du Mustang, doivent être rejetées. Les seules qui méritent de fixer l'attention sont caractérisées par M. Viala de «très vigoureuses, à sarments gros, à jeunes feuilles d'un brun doré, à grandes feuilles épaisses, luisantes sur les deux faces et révolutées sur les bords.»

La résistance au phylloxera et à la chorose de ces types sélectionnés paraît indiscutable. Nous avons exposé plus haut les considérations qui, *dans le moment actuel et en l'état des expériences faites*, nous semblent devoir faire écarter les *Berlandieris*. Nous n'y reviendrons pas, quelque mérite qu'ils puissent avoir. Nos préférences sont ailleurs, et nous les avons clairement, loyalement indiquées.

L'avenir prouvera de quel côté se trouve — nous ne dirons pas *la vérité*, car elle peut être à la fois dans les Berlandieris et dans les hybrides — mais la *supériorité des uns ou des autres*.

Quant au *V. Monticola*, la question commence à peine à être étudiée. Certaines formes très séduisantes ont été isolées, qui constitueront peut-être de remarquables porte-greffes ; mais il serait prématuré d'en dire quoi que ce fût de positif. Il y manque *la leçon de choses*, indispensable à la «pratique» pour asseoir ses jugements. Actuellement, le *V. Monticola* n'a de valeur propre, au point de vue cultural, que par les combinaisons d'hybridations dans lesquelles il entre.

III. *157-11 et 157-10* (Berlandieri de las Sorrès ✕ Riparia-Gloire de Montpellier) de M. Couderc. — Peu répandus encore, ces porte-greffes ont pourtant donné, partout où ils ont été essayés, des résultats satisfaisants. A Lattes, les greffes, peu nombreuses il est vrai, pratiquées sur eux, n'ont jamais jauni ; de même, chez M. Roy-Chevrier, en Bourgogne, et chez M. Couderc, à Tout-Blanc, où elles ont été remarquées.

Plus vigoureuses que les *Berlandieris* purs, ces plantes, dont l'aspect général se rapproche par le bois et le fruit du *Berlandieri* et par le feuillage du *Riparia*, reprennent très facilement de bouture et acceptent la greffe sans aucune difficulté. Elles paraissent tout indiquées pour les terres calcaires à «Riparia ✕ Rupestris», dont la teneur en carbonate de chaux serait trop élevée pour permettre l'emploi de ces derniers porte-greffes. Les alluvions calcaires, les sols calcaires arénacés leur conviendraient, sans doute, parfaitement.

IV. *218 et 219* (Rupestris ✕ Berlandieri) de MM. Millardet et de Grasset. — Comme les «Berlandieri ✕ Riparia», ces cépages, étudiés jusqu'ici dans certains champs d'expériences de l'Hérault et des Charentes, ont fait preuve d'une résistance élevée à la chlorose calcaire et témoigné leurs aptitudes pour les sols crayeux. A la Grève, M. Bethmont les a notés très beaux, presque à l'égal de *41 B* (Chasselas ✕ Berlandieri). A Conteneuil, M. Verneuil les signale comme très vigoureux, très fruités et très verts. Dans ses champs d'essais, notamment à *Marsville*, M. Ravaz possède un certain nombre de *Berlandieri* ✕ *Riparia* et *Rupestris* ✕ *Berlandieri*. Il a constaté que leurs racines portaient, en général, moins de nodosités que celles du Riparia et il considère que ces vignes ont une résistance de premier ordre. Etant données les qualités de leurs générateurs, il ne pouvait guère, ajoute-t-il, en être autrement. Leur résistance à la chlorose serait un peu moins élevée que celle des *Berlandieris* purs et des *Vinifera* ✕ *Berlandieri*. M. Ravaz compte beaucoup sur les vignes de ce groupe, qu'il croit appelées à jouer un grand rôle dans la reconstitution des terrains calcaires.

Nous n'y contredirons certainement pas et nous sommes heureux de nous trouver, sur ce point, en complet accord avec M. Ravaz. Ceux qui, à tort ou à raison, n'ont qu'une médiocre confiance dans les franco-américains, trouveront dans les *Berlandieri* ✕ *Riparia* et dans les *Rupestris* ✕ *Berlandieri* des porte-greffes d'une utilisation pratique qu'ils chercheraient en vain dans les *Berlandieris* purs.

CHAPITRE VI

Adaptation. — Affinité. — Soins culturaux. — Producteurs directs. — Observations générales sur les franco-américoins

1. — Adaptation. — Il y a, pour les hybrides, comme pour tous les cépages américains, une question d'adaptation d'autant plus importante qu'une mauvaise adaptation enlève, comme on sait, au cépage américain, une partie de la force de résistance propre dont il est doué vis-à-vis du phylloxera. On ne saurait distraire cette résistance propre, intrinsèque, de la résistance extrinsèque due au sol, au climat, à la culture, etc., de telle sorte que s'il a été possible de dire qu'en certains cas l'adaptation prime la résistance, il est plus vrai encore de dire que partout et toujours l'*adaptation règle la résistance*. On comprend, dès lors, toute l'importance de la question : elle est capitale.

Encore que les hybrides ci-dessus recommandés ne soient pas des porte-greffes particuliers à une région déterminée, qu'ils soient, au contraire, d'une application presque générale, puisque dans les nombreux champs d'expériences établis en terrains calcaires dans les Charentes, dans le Bordelais, dans le Languedoc et dans la Bourgogne, ce sont toujours ces mêmes porte-greffes qui se montrent le plus résistants à la chlorose, — il s'en faut qu'ils aient partout une tenue uniforme et que le climat, la composition du sol, la richesse ou la pauvreté, la profondeur ou la maigreur, la sécheresse ou l'humidité de celui-ci les laissent également indifférents. Les échecs, les fléchissements inexplicables, attribués d'abord injustement aux attaques du phylloxera, qui ont été relevés sur quelques points, en sont une preuve irréfutable.

Nous avons essayé, au cours de ce travail, d'indiquer *très approximativement* les préférences ou les aptitudes spéciales de ces hybrides pour les diverses sortes de terrains calcaires : les données expérimentales sont actuellement insuffisantes pour permettre de les préciser avec quelque netteté. Les exemples que nous avons cités peuvent néanmoins, dans le cas de terrains analogues appartenant à la même région ou au même étage géologique, constituer d'utiles éléments d'appréciation. L'analyse du sol, la connaissance de sa composition physique et chimique feront le reste. Les professeurs départementaux d'agriculture, admirablement placés pour fournir aux viticulteurs des renseignements précis, des conseils éclairés, seront toujours consultés avec fruit. Il sera bon aussi de faire un essai préalable avec plusieurs des porte-greffes indiqués, car, ainsi que le fait remarquer M. Millardet, il ne s'agit pas seulement de trouver un porte-greffe suffisant pour un sol difficile, mais de choisir celui qui y donnera les meilleurs résultats.

C'est par ces précautions que l'on surmontera, dans la pratique, les difficultés de l'adaptation : nier celles-ci serait fermer les yeux à la lumière. C'est en vain que l'esprit scientifique, avide de simplification et de précision, tente de ramener à quelques formules nettes et brèves, s'appliquant à tous les cas, à tous les terrains, le difficile théorème de la reconstitution : plus on va, plus on s'aperçoit qu'il n'est pas de règle générale qui tienne, et qu'une étude minutieuse du sol d'abord, de la plante ensuite, s'impose étroitement, et que c'est pour avoir négligé ou omis cette étude qu'éclatent de retentissants échecs.

Les rapports de la plante et du sol, l'harmonie qui doit exister entre eux, c'est l'*adaptation* ; les rapports du porte-greffe et du greffon, l'harmonie qui doit exister entre eux, c'est l'*affinité*, de telle sorte que toute constitution de vignoble par l'emploi des porte-greffes comporte nécessairement l'examen et la solution de ces trois facteurs du problème : *sol, cépage porte-greffe, cépage-greffon*, ou, si l'on préfère : *adaptation, affinité*. Le succès complet réside dans leur parfait équilibre. Il ne suffirait pas que l'*adaptation* fût parfaite si l'*affinité* était mauvaise, et il ne servirait de rien que l'*affinité* fût bonne si l'*adaptation* était nettement défectueuse. Nous verrons cependant tout à l'heure, et il faut se hâter de le consigner ici, qu'une *affinité* parfaite favorise singulièrement l'adaptation.

Nulle part, plus qu'en terrains calcaires, ces vérités n'ont besoin d'être scrupuleusement observées.

Il ne saurait entrer dans nos vues de traiter à fond ces deux questions, si admirablement étudiées et réglées par nos maîtres ; le rôle qu'elles jouent en sol calcaire est cependant trop considérable pour qu'il n'y ait pas lieu d'en dire au moins quelques mots.

S'il est vrai, ainsi que nous l'avons déjà constaté, que le carbonate de chaux soit la cause essentielle de la chlorose, son action s'exerce de façon si différente, suivant que le calcaire est associé à tels ou tels autres éléments, qu'il est impossible de le prendre pour base unique d'appréciation en matière d'adaptation. Dire que, par exemple, tel porte-greffe convient aux sols dosant de 20 à 30 o/o de carbonate de chaux, tel autre à ceux dosant de 40 à 50 o/o, c'est s'exposer à des erreurs considérables et fournir aux viticulteurs des moyens d'investigation trop fragiles, parfois erronés et ne répondant pas souvent à la réalité des faits.

De tous les corps étrangers dont la présence paralyse le plus les effets du calcaire, l'argile paraît être le plus important. M. Chauzit, le premier, a consigné ce rôle modérateur de l'argile, et les constatations exercées depuis de différents côtés lui ont donné pleinement raison. Il semble même

qu'on soit parvenu quelquefois, par des apports d'argile (1), à modifier
assez complètement le pouvoir chlorosant d'un sol pour arrêter ou empêcher toute manifestation chlorotique. A dose de calcaire égale, un sol
argileux serait donc, *à priori*, moins chlorosant qu'un sol dépourvu de cet
élément. Seulement, lorsque la dose d'argile devient trop élevée, que, par
suite, la compacité du terrain empêche les eaux de s'écouler facilement,
l'excès même d'humidité est une nouvelle cause de chlorose qui vient se
joindre à celle provenant du carbonate de chaux. Dans ces sols, dont le
département de l'Aude nous a fourni de nombreux exemples, les hybrides
de Rupestris ont les chances les plus sérieuses de réussir : le *1202*, l'*Aramon* $\times$ *Rupestris n° 1*, le *Rupestris du Lot*, le *Gamay-Couderc* y supportent
sans jaunir la présence d'eaux stagnantes sur leurs racines.

Quand la dose de calcaire et la dose d'argile sont l'une et l'autre trop considérables, elles constituent des marnes dont le caractère chlorosant est
très dangereux et que, seuls, les cépages à très haute résistance, *41*, *132-5*
et *9*, *1202*, pourront surmonter.

Il est certain que, de tous les terrains calcaires, les sols crayeux des
Charentes, qui appartiennent à l'étage supérieur du crétacé, doivent être
classés en première ligne comme puissance chlorosante. Il est donc naturel
qu'ils soient pris pour type des terrains calcaires et que tout cépage y résistant à la chlorose puisse être indiqué comme devant également résister
à fortiori dans les autres terrains calcaires. Cela est rigoureusement exact
si l'on n'envisage que la résistance à la *chlorose calcaire;* mais il n'en va
pas absolument de même s'il s'y ajoute d'autres causes. Quand autre chose
que le calcaire peut influencer inégalement la végétation des vignes plantées, il faut bien en tenir compte. La compacité, par exemple, étant par
elle-même une cause de mauvais développement, n'agira pas de la même
manière sur tous les cépages, suivant qu'ils auront un système radiculaire
grêle ou puissant. Il suit de là qu'un cépage donné, par le fait seul qu'il
aura admirablement résisté à la chlorose calcaire dans les craies de Cognac,
ne sera pas *nécessairement* doué des mêmes propriétés dans d'autres sols à
dose de calcaire sensiblement égale, mais *à composition physique différente.*

C'est en ce sens que M. Cazeaux-Cazalet, dans les travaux qu'il poursuit
avec tant de conscience depuis plusieurs années sur cette question de
l'adaptation (2), propose de fixer le choix des cépages pouvant convenir à
un terrain donné quelconque, dans toutes les régions viticoles de France,
*par l'harmonie du développement aérien et du développement souterrain de
la vigne*, par la détermination de la *marche des variations d'humidité dans*

---

(1) Voir *Revue de viticulture*, t. IV.
(2) *Journal du Comice viticole et agricole de Cadillac*, n° 27, mars 1895, p. 64 et suivantes.

les différents sols, et par le *mode d'établissement des racines pour chaque cépage*.

C'est en ce sens également que M. Verneuil a pu dire : « Tel hybride très »calciphile, qui sera excellent dans les craies des Charentes, pourrait man-»quer de vigueur dans les sols tertiaires argileux du Midi. Je crois donc »que chaque terrain et chaque région, suivant la profondeur ou la stérilité »de son sol et son climat plus ou moins chaud, plus ou moins sec, trouve-»ront dans la gamme des hybrides franco-américains calciphiles une ou »plusieurs plantes supérieures aux autres et s'y adaptant mieux (1). »

C'est en ce sens enfin que M. Millardet, interrogé par nous-même au Congrès de Montpellier sur les aptitudes du Berlandieri et des hybrides de Berlandieri, déclarait que si les hybrides de Berlandieri seront *probable- ment* les seuls à réussir dans la craie des Charentes, « dans un grand nom- »bre de terrains (2) ils ne sont pas nécessaires et même ils conviennent »moins bien que pour les terrains crayeux. Ils y sont beaucoup moins vi- »goureux que les hybrides de Rupestris ou de Riparia. Ainsi, dans un ter- »rain marneux, argilo-calcaire ou siliceux, avec sous-sol calcaire ou mar- »neux, j'estime que c'est aux hybrides de Rupestris et de Riparia avec les »Européens qu'il faut avoir recours....»

Pratiquement et pour ramener la question des données scientifiques aux solutions culturales, deux règles générales s'imposent : étude de la com- position physique du sol à planter ; étude du système radiculaire du cé- page à adopter.

Les racines de la vigne française ont une *souplesse* que n'ont pas les ra- cines des vignes américaines. Celles-ci ont un caractère de *fixité* à peu près général. Les premières se plient à toutes les natures de terrain, tantôt plongeantes, tantôt superficielles horizontales, s'adaptant par suite à tous les milieux avec une extrême facilité ; les secondes, au contraire, ont les racines ou superficielles (*Vialla*), ou mi-plongeantes et mi-horizontales (*Riparia*), ou basses ou plongeantes (*Rupestris*), — et s'accommodent mal des sols dont la nature contrarie ou gêne ce système radiculaire. Les franco- américains, eux, ont des racines se rapprochant davantage des racines de la vigne européenne, et ils se plient, par suite, bien plus facilement que les américains purs aux difficultés des sols.

Toutes les fois que le sol aura moins de 50 à 60 centimètres de profon- deur, il deviendra utile de connaître également la composition du sous-sol. Quand le sous-sol affleure à une faible profondeur, il exerce le plus sou- vent une action sérieuse sur la végétation de la plante. Les observations faites par M. Ravaz dans les Charentes tendraient à démontrer que, dans cette région, le sous-sol n'exerce pas une influence très grande sur le dé-

---

(1) *Compte-rendu du Congrès viticole de Montpellier*, p. 52.
(2) *Compte-rendu du Congrès viticole de Montpellier*, p. 56.

veloppement de la chlorose. Cela tiendrait, sans doute, à ce que, par suite de l'humidité du climat et aussi du sous-sol qui garde l'eau comme une éponge et entretient toujours à la surface une fraîcheur relative, les racines se limiteraient à la couche arable, même si son épaisseur est assez réduite. Mais il n'en saurait être de même dans d'autres régions, où la sécheresse oblige les racines à chercher plus profondément l'eau nécessaire au développement de la plante. Là, si le sous-sol est trop rapproché de la couche arable, les racines l'atteignent rapidement et se ressentent tout naturellement de son influence.

Les racines du Riparia, par exemple, qui sont très courtes, prennent d'abord possession de la surface du sol ; plus tard, seulement, elles descendent dans le sous-sol et si elles s'y trouvent en présence d'un excès de carbonate de chaux, leurs greffes ne tardent pas à se chloroser. Les racines des hybrides franco-américains sont, le plus ordinairement, pivotantes ; elles pénètrent dans le sous-sol dès les premières années de leur plantation ; à cause de cette dernière particularité, on est en droit de compter sur une résistance indéfinie de ces hybrides à la chlorose, puisque les racines sont appelées à toujours vivre dans le même milieu. Ces racines étant aussi, pour la plupart, grosses, charnues, à lignification relativement lente, se rapprochant de celles des «Vinifera», s'accommodent mieux des sols difficiles, où les variations d'humidité sont extrêmement rapides (1).

Au point de vue de leur direction dans le sol, suivant qu'elles seront traçantes, plongeantes ou mi-plongeantes, elles conviendront aux terrains à à sous-sols imperméables et compacts, aux argilo-calcaires profonds, aux terres de craie, soit sèches et pierreuses, soit mélangées à la marne.

Nous avons pensé qu'il ne serait pas inutile de réunir en un tableau quelques-uns des terrains dont la composition a été consignée ci-dessus ou dont l'analyse nous a été communiquée. Ils constitueront comme une série de types d'adaptation, intéressants peut-être à consulter. (Voir tableau ci-contre).

(Voir tableau ci-contre).

---

(1) Ces variations sont intimement liées à la prédominance de certains éléments et à la perméabilité. Ainsi, on sait très bien que les sols sablonneux présentent une tranche de 50 à 60 centimètres d'épaisseur favorable au développement des racines, les sols argileux à fendillement 40 à 50 centimètres, les sols argileux non fendillés à tassement 30 à 35 centimètres et les sols calcaires 20 à 30 centimètres seulement ; on sait aussi que l'imperméabilité du sous-sol et des situations peu favorables à l'égouttement (situation en plaine) diminuent ces tranches plus ou moins considérablement, parce que l'argile, et surtout le calcaire, l'imperméabilité et le non égouttement, favorisent beaucoup les variations rapides d'humidité... Pour les sols calcaires (à variations les plus rapides et les plus importantes), aucun des anciens cépages américains ne suffit. Les Vinifera seuls ont des aptitudes à y vivre sans chlorose.... à raison de la constitution charnue de leur racine qui lui permet de se développer en tout milieu et en toute saison... Les hybrides auront l'adaptation de leur parent dominant. Ainsi, pour les sols calcaires, il faudra écarter les hybrides à *dominante* de Rupestris et de Riparia et adopter les hybrides à dominante de Vinifera ; pour les argiles, on pourra accepter les hybrides à dominante de Riparia et de Rupestris... (Cazeaux-Cazalet ; *Journal du Comice viticole et agricole de Cadillac*, N° 35, novembre 1895, pages 260 et 261).

ADAPTATION

TYPES DE TERRAINS CALCAIRES	CÉPAGES PORTE-GREFFES bien adaptés
Terres argilo-calcaires compactes, à sous-sol imperméable et humide . . . . Type : domaine de la Seigne, à M. Dassier, commune de Villemoustaussou (Aude); calcaire, 33 o/o . . . Type : domaine de la Tuilerie, à Villegly (M. Roques). Aude. Calcaire : sol, 30 o/o ; sous-sol, 58 o/o	Aramon✕Rupestris n° 1 Rupestris du Lot 1202
Terres argilo-calcaires compactes, parsemées de grains de carbonate de chaux, à sous-sol marneux, humides et imperméables . . . . Type : domaine de la Tuilerie, à Villegly (M. Roques), Aude	1202
Terres argilo-calcaires compactes, sous-sol à 0,20 ou 0,25 centimètres, marne grisâtre, absolument imperméable . . . . Type : plateau de Ste-Eulalie (Aude). Calcaire : sol, 25 o/o ; sous-sol, 33 o/o	Aramon✕Rupestris n° 1 Rupestris du Lot
Terres argilo-calcaires compactes (éocène), sous-sol formé par des argilolithes d'une imperméabilité absolue; boueuses par la pluie, blanches et très sèches pendant les chaleurs . . . . Type : terre de Mansote, à M. Salaman (Aude). Calcaire, 35 o/o	132-5 et 132-9 1202 Rupestris du Lot
Terres marneuses, grises, pierreuses, peu profondes, devenant gluantes après les pluies . . . . Type : domaine de Villegailhenq, à M. Rousseau (Aude).	Rupestris du Lot 132-5 et 132-9 1202
Marnes imperméables . . . . Type : terre de Mansote, à M. Salaman (Aude). Calcaire, 37 o/o . . . . Type : terre de Charrecey (Saône-et-Loire, à M. Roy-Chevrier	Rupestris du Lot 1202
Marnes oxfordiennes de la Côte-d'Or. Types : terres de St-Romain (M. Sordet), terres d'Auxey (Société vigneronne de Beaune). Dosage, 50 à 60 o/o de calcaire . . . . Type : terres de Daix (Côte-d'Or), (M. Lamblin). Dosage, 68 o/o de calcaire, sous-sol à 30 centimètres	1202 Aramon✕Rupestris n° 1

TYPES DE TERRAINS CALCAIRES	CÉPAGES PORTE-GREFFES bien adaptés
Marnes rouges, Plaine du Lar, Garumnien (Bouches-du-Rhône) . . . . Type : terre du Défends, à M. Coutagne. Calcaire, 35 o/o	1202 132-5 et 9
Terres argilo-calcaires, à sous-sol argileux. Type : domaine de M. Bourdel, à Bize (Aude)	Rupestris du Lot
Terres argilo-calcaires profondes, de couleur grisâtre, blanchâtre ou jaunâtre . . . . Calcaire : sol, 20 à 30 o/o . . . . Types : terres du *miocène* et du *pliocène* du département du Gers	Ar. $\times$ Rup. n° 1 1202 33 A, A', A² Riparia $\times$ Rupestris n° 3309
Terres de plaine argilo calcaires, fraîches, profondes. Calcaire, 35 o/o . . . . Types : terres de Laure (Aude), MM. Buscail, Puel, Turcy	Aramon $\times$ Rupestris n° 1 1202
Terres de plaine argilo-calcaires, fraîches, profondes . . Types : domaine de Val-Pech Perrier, à Pennautier ; domaine de Salvaza, à Carcassonne (Aude)	Riparia $\times$ Rupestris 101¹⁴ Aramon $\times$ Rupestris n° 1.
Terres de plaine argilo-calcaires, fertiles, noires, compactes et humides. Type : domaine de Massac, à M. Joulier, à Pexiora (Aude)	Riparia $\times$ Rupestris 101¹⁴
Terres d'alluvion argilo-calcaires, compactes, fertiles. Type : terres de M. Numa Théron, à Lézignan	Riparia $\times$ Rupestris 101¹⁴
Terres argilo-calcaires, dosant de 15 à 25 o/o de carbonate de chaux . . . . Types : terres de Echebrune, Meussac (canton de Pons Charente-Inférieure)	Aramon $\times$ Rupestris n° 1 Riparia $\times$ Rupestris
Terres argilo-calcaires du Lauraguais (Haute-Garonne). Type : Cabanial, à M. Guiraud	Ar. $\times$ Rup. n° 1 1202
Terres de plaine rouges, caillouteuses, fraîches et profondes, à sous-sol marneux . . . . Type : vigne du Muscadet, à Villedaigne (Aude), M. Théron.	Riparia $\times$ Rupestris 101¹⁴
Terres argilo-calcaires, calcaire 60 o/o . . . . Type : terres de Corlaix (les Champs-Blancs), Saône-et-Loire, à M. le Dʳ Perron.	1202

TYPES DE TERRAINS CALCAIRES	CÉPAGES PORTE-GREFFES bien adaptés
Terres argilo-calcaires, miocène lacustre de Montagnac (Hérault) . . . . Types : terres de M. Rey de Lacroix, de M. le marquis de Serres, de M. Ferdinand Bouisset. Calcaire, 60 o/o et 75 o/o dans le sous-sol	41ᴮ 33 A, A', A²
Terres blanches, peu profondes, à sous-sol formé par un dépôt de calcaire d'eau douce, en grande partie friable. . . . . Type : terre dite «le Tourou», à Fabrezan (Aude). . .	Rupestris du Lot Taylor-Narbonne 157-11
Terres calcaires, friables, tendres (dosage 50 à 70 o/o). Type : terres de Rully (M. le comte de Montessus), Saône-et-Loire	132-5 et 9 157-11
Terres calcaires pierreuses (calcaire de 30 à 50 o/o) . . Types : terres de l'Orphelinat agricole d'Angoulême . — terres de St-Hilaire, St-Florent (Maine-et-Loire).	132.5 et 9 Rip ✕ Rup. 3309 101¹⁴ Colorado ε 218 et 219

Terres crayeuses :
 	
  A. 1° Terres de grande Champagne (Cognac) . . .
 	
  2° Terres de petite Champagne. . . . .
    Type : domaine de la Grollière, près Jonzac.
  3° Terres de Champagne de Maine-et-Loire . .
    Type : terres de Montreuil-Bellay . . . . .
	41ᴮ
	132-5 et 9
	
	132-5 et 9
	41ᴮ
	1202
	218 et 219
	157-11

B. Terres de groies (calcaire de 30 à 50 o/o) . . .
  Types : domaine de Lafond (Mᵐᵉ Robin) . . .
    domaine de la Grève (M. Bethmont) .
    groies de tuffau de Maine-et-Loire . .
	Colorado ε
	132-5 et 9
	33 A, A' et A²
	218 et 219

Dosage de calcaire inférieur à 30 o/o	Rip. ✕ Rupest. 3309 et 101¹⁴

Alluvions calcaires, profondes, fertiles, calcaire de 25 à 40 o/o . . . .
Types : plaine de Lattes (Hérault). . . . .
  alluvions de la Cadoule (Hérault) . . . .
  alluvions des Yeuses (Hérault). . . . . .
	Rip. ✕ Rupest.
	3306, 3309
	101¹⁴
	Taylor-Narbonne
	157-11

Calcaire dépassant 40 à 45 o/o	1202 132-5 et 9 157-11
Terres argilo-siliceuses à sous-sol calcaire . . . . . . Calcaire : sol, 6,5 o/o ; sous-sol, 50,2 o/o . . . . . . Type : terre de Ste-Eulalie, à M. Salaman (Aude) . . .	1202 Rupestris du Lot 601

TYPES DE TERRAINS CALCAIRES	CÉPAGES PORTE-GREFFES bien adaptés
Terres argilo-siliceuses, même graveleuses . . . . . . Calcaire : 5 à 8 o/o dans le sol ; sous-sol blanchâtre ou jaunâtre, formé soit par calcaire très tendre, soit par marnes calcaires . . . . Type : plateau de Bouziers, à M. Jallabert (Aude) . . .	Aramon ✕ Rupestris n° 1 Rupestris du Lot Riparia✕Rupestris 3306
Terres silico-calcaires. Calcaire : 60 à 65 o/o. Types : terres de Montceau (le Buisson Duriau) . . . terres de Sennecey (Charmiaud), Côte-d'Or . .	1202 132-5 et 132-9

II. — AFFINITÉ. — La question de l'*affinité*, totalement ignorée, insoup-çonnée même au début de la reconstitution par les vignes américaines, a été magistralement développée, au Congrès de Montpellier, par M. Auguste Laurent, puis au Congrès de Lyon par M. Couderc, qui a revendiqué, à juste titre, la priorité de l'*observation de l'influence générale de certains cépages-greffons, tant sur la vigueur que sur le pouvoir chlorosant des vignes greffées.* Il a démontré que pour qu'une vigne greffée ne chlorose pas en terrain calcaire, trois choses sont nécessaires : (*a*) un porte-greffe résistant à la chlorose ; (*b*) la plus grande affinité possible entre ce porte-greffe et le cépage-greffon qu'il doit porter ; (*c*) un cépage-greffon doué intrinsèque-ment de facultés non chlorosantes ou le moins chlorosantes possible.

Tout est difficulté, en effet, quand il s'agit de la replantation de terres calcaires, et toutes les causes qui affaiblissent la vigne l'y rendent plus sensible au carbonate de chaux. Le défaut d'harmonie entre le porte-greffe et son greffon est une de ces causes, et nous ne craignons pas de dire qu'elle exerce, en fait, une influence capitale. C'est au point que, *dans le même terrain calcaire, le même porte-greffe* sera suffisant ou insuffisant, suivant le greffon qu'on lui donnera à porter. Exemple : Dans nos terres calcaires de Lattes, les Riparia ✕ Rupestris peuvent, à l'aide de quelques soins spéciaux, constituer des porte-greffes suffisants, s'ils sont greffés en Carignane, cépage à pouvoir non chlorosant, ou même en Aramon, cépage peu chlorosant, tandis qu'ils seraient totalement insuffisants, greffés en Petit-Bouschet, cépage à pouvoir nettement chlorosant. Dans l'Aude, chez M. le sénateur Mir, le Rupestris du Lot, très suffisant greffé en Clairette (greffes vertes, bien développées), est insuffisant greffé en Grenache (greffes jaunes, peu vigoureuses). — Il serait facile de multiplier les exemples, mais le fait est trop bien établi pour qu'il y ait lieu d'y insister. Le choix du greffon devra donc toujours être fait avec le plus grand soin et porter sur le cépage de la région que l'expérience aura démontré avoir le moin-dre pouvoir chlorosant. Il est, dans chaque région, des cépages qui se chlorosent plus ou moins facilement ; l'observation en a été faite, non seulement quand ils sont employés comme greffons, mais encore lorsqu'ils sont cultivés francs de pied. Dans les terrains à grande chlorose, certaines variétés françaises ont jauni de tout temps beaucoup plus que d'autres dont le jaunissement, quand il se produisait, était purement accidentel. Ces dernières fourniront des greffons moins facilement chlorosants ; elles devront être préférées. Il faudra, d'autre part, tenir compte de l'adaptation du greffon au climat du vignoble, car les souffrances du greffon se répercutent sur le porte-greffe. Mais le greffage même a une très grosse importance : Dans les greffages sur place, pratiqués d'ordinaire à la deuxième année de plantation, au moment où la chlorose est la plus forte, les effets déprimants du greffage exercent une action d'autant plus sensible. Si la greffe n'est pas parfaitement réussie, si la soudure laisse le moins du monde à désirer, nouvelle cause de perturbation, et, par conséquent, de chlorose. Ce double inconvénient est évité par l'emploi de plants greffés-soudés en pépinière. Il est constant que ces plants, mis à demeure, jaunissent moins que ceux greffés en place. La conclusion est que la plantation des terres calcaires devra de préférence être faite avec des plants tout greffés. Le vigneron y gagnera encore d'avoir une vigne régulière dès le début et d'éviter les nombreux « manquants » qui sont, trop souvent, l'apanage des greffages sur place.

Qu'il ait lieu, au surplus, sur place ou à l'atelier, le greffage demeure l'origine d'un trouble profond entre deux variétés différentes, condamnées à vivre désormais la même vie. Ce trouble se trouvera réduit à son minimum si la sympathie entre ces deux variétés est profonde, en d'autres termes si l'affinité est excellente, il arrivera à son point maximum, si l'affinité est nulle ou détestable. « Donc, plus deux vignes greffées offriront d'analogie »dans leurs fonctions et leur mode de vivre, moins les effets du greffage »seront marqués. Par contre, plus leur différence sera grande, plus ces »effets seront considérables..... C'est pourquoi ils sont plus atténués avec »les porte-greffes franco-américains (1). »

Cette constatation de MM. Viala et Ravaz est l'expression même de la vérité. L'affinité est bien réellement plus grande entre les hybrides franco-américains et les cépages européens qu'entre les hybrides américo-américains ou les américains purs et ces mêmes cépages. Ici cependant, elle varie beaucoup suivant les espèces, médiocre, d'une façon générale, avec le Riparia, meilleure avec le Rupestris, bonne avec les Riparia ✕ Rupestris et plus encore peut-être avec les Berlandieri. Au point de vue de la *durée* des vignes greffées, l'affinité des franco-américains constitue un précieux avantage, en même temps qu'elle est du plus heureux augure pour l'avenir.

---

(1) Viala et Ravaz ; *Adaptation*, page 240.

Il ne faudrait pas croire, toutefois, que cette affinité sera d'autant plus étroite que l'un des ascendants de l'hybride sera de même nature que le greffon : ainsi, on se tromperait si l'on supposait que le Petit-Bouschet dût avoir une affinité toute particulière pour un hybride de Petit-Bouschet par Américain, par exemple *3001 (Petit-Bouschet* × *Riparia)*; a priori, il semble qu'il en doive être ainsi ; en fait, il n'en est rien ; et les greffes de Petit-Bouschet se sont chlorosées sur *3001* jusqu'au rabougrissement, alors que tout à côté les greffes de Carignan étaient belles et vertes. C'est que le Carignan est un excellent greffon, à pouvoir non chlorosant, tandis que le Petit-Bouschet est un mauvais greffon, à pouvoir chlorosant. Lors donc qu'un porte-greffe portera des greffes de Petit-Bouschet (1) magnifiques, très vertes et très fructifères, il sera permis de penser qu'il a non seulement une très haute résistance à la chlorose, mais encore une aire d'affinité très étendue; c'est le cas de *1202* et de quelques autres hybrides de Rupestris. Par contre, tous les Vinifera × Riparia que j'ai expérimentés se sont plus ou moins chlorosés, greffés en Petit-Bouschet, ce qui pourrait donner à croire qu'ils ont une aire d'*affinité* moindre que les Vinifera-Rupestris : ce qui est vrai pour les Riparias et les Rupestris purs se reproduirait pour leurs hybrides, les Vinifera-Berlandieri ayant la plus haute somme d'affinité, puis les Vinifera-Rupestris, enfin les Vinifera-Riparia.

Nous renvoyons, pour de plus amples détails, au magnifique travail de M. Couderc (2), en formant le vœu qu'il veuille bien publier l'étude complète qu'il avait promise sur la matière et qui est impatiemment attendue.

Nous avons cru devoir résumer ci-dessous, en un très court tableau, les cépages les plus usités qui, dans chaque région viticole, passent pour être le plus et le moins chlorosants.

---

(1) Nous disons des greffes de *Petit-Bouschet*, parce que c'est un cépage-greffon à pouvoir chlorosant, pris ici comme type, mais ce serait vrai pareillement avec tout autre cépage-greffon d'un pouvoir chlorosant analogue, par exemple: le Balzac, le Groslot de Saint-Mars, etc.

(2) *Compte-rendu du Congrès de Lyon*, pages 85 et suivantes.

AFFINITÉ

RÉGIONS	CÉPAGES-GREFFONS non chlorosants ou les moins chlorosants	CÉPAGES-GREFFONS peu ou moyennement chlorosants	CÉPAGES-GREFFONS très chlorosants ou les plus chlorosants
SUD-EST	Clairette (blanc) Carignan Syrah Colombeau Panse de Provence Morrastel	Aramon Cinsaut Grenache Grand noir de la Calmette Terret Bourret (gris et blanc)	Petit-Bouschet Alicante-Bouschet Morvèdre Picpoul (blanc) Brachetto
NORD-EST ET EST	Aligoté (blanc) Chenin blanc Syrah Petit Ribier Etraire de l'Adhuy Roussanne Mondeuse Poulsard du Jura	Gamai Teinturier Chaudenay Melon Pinot de Pernand Durif Enfariné Morillon Meunier Morillon parisien Vert doré Vert noir	Pineau fin Chardonnet (blanc) Gamai blanc Giboudot rouge
OUEST	Chenin blanc Cots	Muscadet (blanc) Gamai Breton Fiés	Groslot de Saint-Mars Gros plant Folle
CENTRE	Cots Plant d'Anjou (blanc) Auvernat blanc César Blanc fumé	Meunier Breton Gamai Noir fleurien Melon	Groslot Teinturier du Cher Meslier du Gatinais
SUD-OUEST	Bouchalès Muscadelle (blanc) Auxerrois Cabernet franc Sauvignon Colombard Dégoûtant Merlot	Négrette Mérille Valdiguier Mauzac rose Picardan (blanc) Cabernet Sauvignon Malbec Saint-Emilion Jurançon Sémillon	Picpoul Folle Blanc-ramé Balzac

III. — Soins culturaux : *Plantations.* — La préparation du sol, avant la plantation, exerce sur l'avenir du vignoble une influence considérable : un terrain profondément défoncé, parfaitement ameubli, permet aux racines de s'établir, dès le début, sans difficulté aucune, dans un cube de terre qui

suffit à tous leurs besoins et facilite leur rapide développement ; il s'en-
suit une végétation plus vigoureuse, et le plus souvent aussi une mise à
fruit plus rapide et plus abondante. Ces défoncements profonds sont-ils
toujours bons ? En terrains argilo-calcaires profonds, la question ne fait
pas de doute ; il sera toujours profitable de défoncer le sol à 50 ou 60 centimètres, d'en briser la compacité, de l'aérer par suite et de l'assainir.

Mais en terrains calcaires ou crayeux, reposant sur un sous-sol de marnes impénétrables ou de craie, il ne semble pas qu'il en doive être de
même : ce n'est pas sans quelque danger, sans de sérieux inconvénients
que le sous-sol sera ramené à la surface et mélangé à la couche arable. Il
en résultera une aggravation de la chlorose telle qu'elle peut, en certains
cas, et pour résistants que soient les cépages employés, entraîner le dépérissement de la plantation et compromettre son avenir. C'est ainsi du
moins qu'on a pensé jusqu'ici ; c'est ainsi qu'on agit dans les Charentes,
où l'on se garde d'attaquer la *banche* et de mélanger au sol la craie pure
du sous-sol. L'expérience que M. Couderc a tentée à *Tout-Blanc*, en défon-
çant profondément une partie du vignoble, paraît, il est vrai, avoir été, en
fin de compte, favorable à la vigne, plus vigoureuse et plus fructifère dans
la partie défoncée que dans la partie non défoncée ; mais cette expérience,
quelque intéressante qu'elle puisse être, constitue un fait isolé, qui ne
saurait, suivant nous, modifier, quant à présent, un usage reposant sur
les enseignements de plusieurs siècles. C'est donc la composition du sous-
sol qui doit décider de l'utilité ou de l'inconvénient des défoncements profonds en terrains calcaires. Si elle est analogue ou si elle ne s'écarte que
fort peu de la composition du sol, il ne peut y avoir qu'avantage à pratiquer le défoncement ; — si elle est différente et présente un caractère de
nocuité plus grande, il est préférable de s'abstenir.

Le mode de plantation devra également varier suivant que l'on aura ou
non pratiqué un défoncement profond.

Dans le premier cas, la plantation, s'il s'agit de boutures, pourra être
faite à la barre ; dans le second cas, elle devra être faite dans des trous.
En terrain crayeux surtout, la plantation à la barre a l'inconvénient de
faire reposer l'extrémité de la bouture sur le sous-sol, parfois dans le
sous-sol même que la barre a pénétré. Les premières racines se trouvent,
dès lors, en contact avec une terre maigre et extrêmement chlorosante. Si
l'on s'en tient, au surplus, aux indications que nous avons fournies plus
haut, c'est-à-dire si l'on ne plante que des greffés-soudés, la question ne
se pose même pas ; la plantation sera forcément faite dans des trous assez
grands pour que les racines, dont l'extrémité seule aura été légèrement ra-
fraîchie, puissent y être étalées à l'aise.

En aucun cas, la plantation ne devra être profonde : c'est qu'en terrains
calcaires, plus qu'ailleurs, sauf le cas des terres cailouteuses et sèches,
les racines ont tendance à vivre dans les couches superficielles du sol. On

a constaté, de tout temps, le mal qui résulte des plantations trop profondes. Comme il faut plusieurs années à une souche trop profonde pour que ses racines se relèvent à l'étage superficiel du sol ferme, la sécheresse et l'humidité excessive peuvent lui nuire auparavant. «En terrain argilo-»calcaire, dit à ce sujet M. Cazeaux-Cazalet (1), où la chlorose se produit »tous les ans, nous avons constaté, depuis plus de dix ans, l'excellente »tenue d'une vigne plantée à 25 centimètres de profondeur, tandis qu'à »côté une vigne plantée à 40 ou 45 centimètres de profondeur souffre, au »printemps, pendant toute la durée des temps humides, c'est-à-dire jus-»qu'en juillet. Elle se développe lentement, les sarments n'y sont pas »droits et élancés comme dans la vigne à côté, la végétation n'y prend son »élan qu'à partir du mois de juillet — ce qui fait que ses racines, parties »de très bas par suite de la profondeur exagérée de la plantation, restent »profondes, parce qu'elles ne peuvent croître et se développer au prin-»temps. La chlorose atteint bien quelques ceps dans la vigne plantée su-»perficiellement dans ce terrain argilo-calcaire et chlorosant, mais elle »frappe un bien plus grand nombre de ceps dans la vigne profonde...»

Labours.— Comme conséquence de ce que nous venons de dire de la tendance des racines de la vigne à se développer, *en général*, et en terrain calcaire, dans les couches superficielles du sol, la pratique des labours légers, peu profonds, devra être adoptée. Dans les Charentes, c'est une inéluctable nécessité, et les résultats obtenus, par M. Couderc d'abord, par M. Ravaz ensuite, l'ont surabondamment démontrée : là, la faible profondeur de la couche arable oblige les racines à se développer surtout horizontalement, à venir pour ainsi dire lécher la surface du sol ferme ; les labours ont pour conséquence de détruire une partie de ces racines, celles qui sont le plus superficielles, et qui, vivant dans un milieu où le calcaire dissous est moins abondant, jouent un rôle favorable vis-à-vis de la chlorose. De simples binages, suffisants pour détruire les mauvaises herbes et maintenir l'aération du sol, devront remplacer les labours. Ailleurs, dans les argilo-calcaires notamment, où il est essentiel d'empêcher une dessiccation du terrain, ce que dans certaines régions on appelle «*la prise en croûte*» — le durcissement de la surface— ils devront être d'autant plus fréquents, d'autant plus répétés, que l'ameublissement de la couche arable y est une condition indispensable de la pénétration des agents atmosphériques.

Fumures.— Sans entrer ici dans des détails que ne comporte pas le cadre de cette étude, il faut rappeler le principe général «Restituer large-»ment au sol, par les engrais, les principes fertilisants enlevés par les ré-»coltes.» Pour déterminer le choix des matières qui doivent entrer dans la

---

(1) *Bulletin du Comice viticole et agricole de Cadillac*, n° 33, septembre 1895, p. 200.

composition de ces engrais, il sera toujours nécessaire de tenir compte de la nature du sol du vignoble.

Dans les terrains calcaires secs, il conviendrait d'employer les engrais à base de fumier de ferme bien décomposés, passés, suivant l'expression courante, à l'état de «beurre noir», ou des tourteaux de graines oléagineuses ; —

Dans les terrains de consistance moyenne, profonds et frais, naturellement fertiles, l'emploi des engrais chimiques seuls ou associés à d'autres engrais donnerait les rendements les plus élevés ; —

Enfin, dans les terres argileuses fortes, compactes, ayant tendance à garder l'eau, les fumiers de ferme pailleux, longs, peu décomposés, contribueraient puissamment au réchauffement et à la division du sol. Il y aurait toujours avantage à y joindre une dose assez élevée de plâtre cuit (1.000 kil., par exemple, par hectare), dont l'action, en favorisant l'absorption par les racines des matières fertilisantes et notamment des sels de potasse renfermés dans le sol, rendrait plus efficaces les effets de la fumure.

Dans les autres terrains calcaires — ceux en particulier où le carbonate de chaux dépasse 30 o/o — le plâtre pourrait être, avec avantage, remplacé par du sulfate de fer, soit en neige, soit en cristaux, déposé avec l'engrais même au pied de la souche. La dose de sulfate de fer peut varier depuis 200 ou 250 grammes par pied jusqu'à 1 kilo et même plus. Mais ces doses massives n'auraient, au point de vue de la fumure, aucune utilité pratique.

En augmentant leur vigueur, la fumure permet aux souches de lutter facilement contre la chlorose ; elle est donc, en terrains calcaires, un adjuvant indispensable, dont l'excès même ne saurait être nuisible. Si, par une fumure exagérée, la vigne s'emportait en bois, c'est à la taille qu'il faudrait demander le remède à cette situation. Il conviendrait également de supprimer, pour un temps, les engrais azotés.

Les terrains calcaires étant, en général, pauvres en acide phosphorique, il y aura toujours intérêt à en ajouter une certaine quantité aux engrais employés, quels qu'ils soient. *Les superphosphates,* et en particulier *les superphosphates d'os,* conviennent mieux que les phosphates minéraux. Les phosphates précipités sont contre-indiqués ; de même les scories de déphosphoration, à raison de la dose élevée de chaux caustique qu'elles renferment.

La potasse fait souvent défaut, elle aussi, aux terres calcaires ; *le sulfate de potasse,* qui, au contact du carbonate de chaux du sol, se transforme en carbonate de potasse et sulfate de chaux, nous paraît être le sel de potasse dont les effets seront les plus efficaces. Après lui, la *kaïnite,* qui contient du sulfate de magnésie et du sulfate de potasse, pourra être utilement employée dans les sols où la magnésie manque complètement. *Le chlorure de potassium,* bien qu'il ait pour action d'entraîner dans le sous-sol et par suite d'éliminer, en se décomposant, une part de carbonate de chaux, n'a pas donné, que nous sachions, des résultats aussi nets que le sulfate de potasse.

L'inconvénient du fumier de ferme est qu'il est d'une richesse fort inégale. Même quand il est produit sur le domaine, — ce qui n'est pas toujours le cas, — ses éléments fertilisants varient dans une proportion parfois importante : il pourrait être avantageux, surtout alors que le fumier de ferme provient du dehors, d'y ajouter une dose légère d'azote, d'acide phosphorique et de potasse, empruntée soit à d'autres engrais organiques, soit aux engrais minéraux. *Le sang desséché, les tourteaux, les frisons de corne, les guanos*, notamment *les guanos de poisson*, dont l'usage commence à se répandre, seraient des sources également efficaces d'engrais azotés organiques. L'azote minéral devra être réservé aux terres calcaires fortes, argilo-calcaires et marnes, à l'exclusion des terres calcaires légères et crayeuses, où son entraînement rapide dans le sous-sol rendrait son emploi sans profit. Les belles expériences de MM. Chauzit et Trouchaud-Verdier, celles de MM. Müntz et Girard, celles de M. Foëx, nous enseignent que le *sulfate d'ammoniaque* a, dans les sols calcaires, une action peu satisfaisante, et que le *nitrate de soude* doit lui être préféré.

TRAITEMENTS CONTRE LA CHLOROSE. — Même avec une adaptation parfaite, une affinité excellente, l'apparition de la chlorose, dans les sols les plus calcaires, reste possible, si les circonstances météoriques sont trop défavorables. Des pluies incessantes ont suffi, de tout temps, à faire jaunir les vignes françaises dans les craies de la Charente et sur quelques autres points particulièrement mauvais. Il n'est pas vraisemblable que les nouveaux cépages, même les plus résistants, y échappent. On doit s'attendre cependant à les voir reverdir toujours, sans traitements spéciaux, dès qu'auront cessé les circonstances, cause première de ces perturbations. Est-ce à dire qu'il n'y ait pas à se préoccuper de la chlorose ? Qu'il ne faille pas retenir, d'une façon constante, pour les faire entrer désormais dans la pratique culturale habituelle, quelques-uns des moyens découverts, au cours de ces dernières années, pour combattre cette affection ? Nous ne le pensons pas. Que l'aspersion sur les feuilles avec une solution de sulfate de fer ou de bouillie noire devienne désormais inutile, — j'entends dans les vignobles reconstitués à l'aide des cépages les plus résistants, — cela paraît certain. Mais l'application du badigeonnage au sulfate de fer sur les plaies de la taille et le corps de la souche constitue une opération trop utile à tous égards pour être abandonnée. Sans doute, il sera superflu de pratiquer ce badigeonnage selon la méthode du Dr Rassiguier, puisque cette méthode a en vue le traitement des vignes en proie à une chlorose endémique, ce qui ne sera pas le cas, — mais il sera toujours profitable d'en faire usage après la taille, à quelque moment que celle-ci soit effectuée. La solution de sulfate de fer agit ici non seulement contre la chlorose possible de la vigne ; elle est encore un antiseptique puissant, qui assainit la souche, empêche la carie des plaies de la taille, et détruit, peut-être, avec les larves des insectes, les germes de certaines maladies cryptogamiques. Il n'en faut pas davantage pour justifier l'usage des badigeonnages annuels au sulfate de fer, et en recommander l'emploi.

Si, malgré tout, par suite d'une fausse adaptation, la chlorose devenait autre chose qu'un fait passager et accidentel, il ne faudrait pas hésiter à faire usage du procédé Rassiguier.

On sait en quoi il consiste ; nous le rappelons brièvement : tailler les vignes prématurément, à l'automne, à un moment précédant la chûte naturelle des feuilles, alors que les premières gelées n'ont pas encore paralysé le mouvement de la sève ; badigeonner *toutes* les plaies de taille, *toutes* les sections faites par le sécateur, et de préférence aussi le corps entier de la souche, *immédiatement* après la taille, avec une solution saturée à froid de sulfate de fer. M. le Dr Rassiguier, à qui la viticulture est redevable de ce précieux enseignement, a tracé lui-même les règles à suivre pour son application : nous y renvoyons nos lecteurs.

L'action du badigeonnage au sulfate de fer permettra, vraisemblablement, d'étendre l'aire d'adaptation de quelques cépages déjà doués d'une résistance certaine à la chlorose, comme les Riparia $\times$ Rupestris par exemple, en admettant que, pour une raison ou pour une autre, il puisse paraître profitable de les préférer à d'autres hybrides plus résistants. On a été jusqu'à se demander si, par le secours de ce procédé, il ne serait pas possible de replanter tous les terrains calcaires avec les Riparia ou les Rupestris, quitte à leur appliquer chaque année le procédé du Dr Rassiguier. Nous ne croyons pas qu'il y ait d'opinion plus erronée et plus dangereuse que celle-là. Ainsi que le faisait tout dernièrement remarquer notre ami M. Degrully [1], il serait aussi déraisonnable, *a priori*, de songer à reconstituer les terrains calcaires avec des plants réfractaires à ces sortes de sols, *pour le plaisir de les badigeonner* ensuite, qu'il serait déraisonnable de replanter des vignes françaises, *pour les sulfurer*. Mais ce n'est là qu'un des côtés de la question.

En fait, et de la façon la plus générale, pourquoi les Riparia et les Rupestris ne réussissent-ils pas en sols calcaires ? Parce qu'ils y sont mal adaptés. Croit-on que le badigeonnage au sulfate de fer va modifier cette adaptation ? que de mauvaise, elle va subitement devenir bonne ? point du tout : le badigeonnage aura bien pour effet de corriger les accidents qu'entraîne avec elle cette adaptation défectueuse, mais le vice fondamental, la tare originelle n'en subsisteront pas moins, comme une menace perpétuelle pour la prospérité ou la durée du vignoble. Guérir la vigne

---

(1) Le *Progrès agricole et viticole*, N° du 19 janvier 1896.

d'une maladie sans cesse renaissante, ce n'est pas supprimer, *dans son essence*, la cause même de cette affection ; et il vaut mieux prévenir que guérir. En terrains calcaires, plus encore que dans toute autre nature de sol, les préoccupations dominantes de toute reconstitution doivent être *l'adaptation et l'affinité* : on ne saurait trop y insister. Que si, par aventure, et malgré le choix judicieux du porte-greffe et du cépage-greffon, la chlorose se déclare, le traitement Rassiguier restera comme une ressource précieuse, dont les résultats seront d'autant plus certains que le porte-greffe employé aura déjà, par lui-même, une haute résistance à la chlorose calcaire.

IV. Producteurs directs. — La reconstitution des terrains calcaires par les producteurs directs a été signalée comme possible dans un avenir peut-être assez rapproché. On éviterait, par là, la double difficulté du greffage et de l'affinité. Il ne resterait plus que celle de l'adaptation, en supposant, bien entendu, comme acquise, la résistance au phylloxera. Nous ne pensons pas qu'en aucun cas les producteurs directs puissent supplanter les anciens cépages locaux, dans les pays où ces cépages étaient appelés à constituer, soit des vins de choix, comme en Bourgogne ou en Champagne, soit des eaux-de-vie à bouquet spécial, comme les eaux-de-vie des Charentes ou de l'Armagnac. Mais il est, à côté de ces régions, d'autres contrées où la culture de la vigne n'est que secondaire, où les qualités habituelles du vin n'exigent pas aussi impérieusement le maintien des anciens plants. Pour celles-là, la reconstitution des terres calcaires par les producteurs directs peut présenter un réel avantage. Par producteurs directs, nous n'entendons pas les cépages venus d'Amérique et donnés comme tels jusqu'à ce jour ; mais bien les nouveaux hybrides dont nos célèbres hybrideurs poursuivent la création ou les essais ; ou encore ceux que le public viticole connaît déjà, comme la *Clairette dorée* et l'*Alicante* ✕ *Rupestris* de M. Ganzin, les *Seibel*, l'*Alicante* ✕ *Rupestris* N° *20* de M. Terras, l'*Hybride-Franc*. La question n'est pas encore absolument mûre. Elle ne saurait, en tout état de cause, trouver place ici ; elle fera l'objet d'une étude à part que nous serons sans doute en mesure de publier avant longtemps. Nous avons tenu à la signaler dès maintenant, comme susceptible d'apporter peut-être une solution satisfaisante à bien des petits vignerons, propriétaires de sols calcaires, en un moment où l'efficacité de la défense contre le black-rot a été mise en doute, et où l'apparition de cépages qu'on dit résistants à cette terrible maladie pourrait rendre les plus signalés services.

V. Observations générales sur les Franco-Américains. — L'aire d'adaptation des hybrides franco-américains (1) doit-elle être limitée aux terrains

---

(1) Nous répétons encore une fois, et pour qu'on ne puisse se méprendre sur notre pensée, que quand nous disons *les hybrides franco-américains*, nous entendons *toujours* dire **certains** *hybrides*.

calcaires ? Et la supériorité qu'ils accusent, dans ces sortes de sols, sur les américains purs, persiste-t-elle dans les terres où est nulle l'action du carbonate de chaux, où jusqu'à ce jour les espèces américaines connues se sont le mieux développées ? Nous n'avons pas la prétention d'examiner ici cette question, encore moins de la trancher. Nous voulons seulement consigner quelques-unes des observations que l'étude de ces cépages, aussi bien que l'examen de notes fort obligeamment mises à notre disposition par M. Couderc, nous a permis de recueillir. Cette étude ayant porté plus particulièrement sur les hybrides de M. Couderc, on ne sera pas surpris que nous ne parlions que de ceux-là ; mais ce qui est vrai pour eux peut sans doute s'appliquer aussi à d'autres.

La supériorité que présentent, d'une façon presque constante, les franco-américains n'est pas générale à tous : elle est formée de supériorités particulières, de telle sorte que chaque hybride, expérimenté et conservé, répond à une qualité pour ainsi dire exaltée en lui. «Les hybrides, a dit »Naudin, membre de l'Académie des Sciences, sont une mosaïque où »se trouvent juxtaposés certains des défauts et des qualités de leurs pa- »rents, d'autres semblant s'être perdus par l'hybridation.»

Quelles étaient les qualités éminentes de notre vieille vigne française, cet incomparable utilisateur des plus mauvaises situations agricoles, comme souvent des meilleures ? 1° Venir dans *tous* les terrains ; — 2° ne pas craindre, sur les côteaux les plus secs, les plus intenses sécheresses ; 3° ou bien se passer de toute fumure et donner quand même des produits constants, certainement réduits comme quantité, mais de qualité incomparable ; ou bien se prêter merveilleusement à la production intensive des plaines de l'Hérault ou de l'Aude.

Ces qualités se retrouvent plus ou moins dans les hybrides, mais à des degrés très variables pour chacun d'eux. Nous venons de voir qu'en terrains calcaires ils sont incomparables : leur résistance à la chlorose ne fait doute pour personne.

Dans les terrains purement siliceux, où refusent de venir les Riparia et les Rupestris, *603* (Bourrisquou × Rupestris) — *1305* (Pineau × Rupestris) ; *1203* (Mourvèdre × Rupestris), viennent admirablement, et sont nettement supérieurs aux autres franco-américains, et aussi aux américo× américains (Riparia × Rupestris) que quelques viticulteurs (M. de Malafosse notamment) désignent pour ces sortes de sols.

Dans les argilo-silices compactes, où le Riparia et le Rupestris sont pour ainsi dire inutilisables, *601* (Bourrisquou × Rupestris) de Couderc, *30*B (Cabernet × Cinerea) et *112*B (Alicante B. × Cordifolia) de M. Millardet, — *136* (Alicante B. × Rupestris) de l'Ecole d'agriculture de Montpellier, se développent sans souffrir de l'excès même de compacité si nuisible aux Américains purs.

Quant au don si remarquable de la vigne française de prospérer et de rester vigoureuse sans fumure, ce qui la faisait comparer par M. Couderc à une légumineuse, nous la retrouvons dans *1203, 1305, 3103* (Gamay-Couderc) et, bien qu'à un moindre degré, dans *604* et *603*. Elle est nulle, au contraire, chez *1202, 601, 501* (Carignan ✕ Rupestris) qui ne peuvent se passer de la fumure intensive nécessaire aux Riparia et aux Rupestris.

La plus précieuse propriété des Vinifera était leur résistance à la sécheresse. Toutes les fois que la vigne souffre trop de la sécheresse, la qualité du vin est diminuée, et on ne peut faire *de grands vins*. Les Riparias et les Rupestris greffés souffrent de la sécheresse de façon à ne pouvoir être cultivés, sans inconvénient, sur les coteaux à *grands vins*, très exposés à la sécheresse. M. Couderc a démontré que la sécheresse est plus *mauvaise* dans le Nord que dans le Midi: la surface de la feuille d'un même cépage est plus grande dans le Nord, le parenchyme moins épais. Les feuilles sont moins chargées de poils, les stomates sont plus nombreuses et c'est par elles que se fait l'évaporation; la surface évaporatoire est à la fois plus considérable et plus active. Certains franco-américains ont la plus admirable résistance à la sécheresse, d'autres l'ont presque nulle, c'est-à-dire guère plus élevée que les Riparia et les Rupestris. *603, 1305*, puis *501*, ce dernier à un moindre degré, sont absolument remarquables à ce point de vue. Les greffes sur *603, 1305* et *501*, ne flétrissent pas au milieu du flétrissement général; tous sont, bien entendu, greffés comparativement avec un même greffon (Syrah ou Folle).

De quelle importance n'est pas cette question du greffon! Et que n'y aurait-il pas à dire pour en démontrer l'intérêt capital! Il suffit de rappeler qu'en terrains difficiles, l'affinité étend ou restreint l'aire d'adaptation du cépage porte-greffe; et que, de tous les porte-greffes, les franco-américains ont, par leur nature même, l'affinité la plus étroite avec nos vignes indigènes,—faculté qui, au point de vue de la *durée du vignoble*, ne saurait être trop mise en relief. Si elle a ses avantages certains, indéniables, cette étroite affinité entraîne, en *apparence*, quelques inconvénients. La *fructification* est, sur les franco-américains, *moins abondante* DURANT LES PREMIÈRES ANNÉES, que sur les Riparias. Cela tient à ce que, par suite de l'affinité, la vigne greffée sur franco tend à se comporter presque de la même manière que si elle était franche de pied. Or, le Vinifera franc de pied ne fructifie régulièrement qu'au bout de quelques années. Sur le Riparia, l'étranglement qui se produit au point de soudure amène des effets analogues à ceux de l'incision annulaire et détermine une mise à fruit quasi immédiate. Pour être retardée, la fructification des greffes sur franco-américains n'en est pas moins abondante et, au bout de la quatrième ou de la cinquième année, elle égale, en général, celle des greffes sur Riparia. Elle n'est pas la même pourtant avec tous les franco-américains. D'après M. Verneuil, les franco-✕ Berlandieri viendraient en tête pour la régularité et l'abondance de leur fructification, puis les franco $\times$ Riparia, enfin les franco $\times$ Rupestris. J'inclinerais, pour ma part, à penser que ce fait, vrai pour les premières années, doit se modifier avec le temps ; et que les greffes sur franco $\times$ Rupestris doivent assez rapidement rattraper les autres ; j'en ai pour preuve mes vignes sur *Aramon $\times$ Rupestris N° 1* et sur *1202*, dont la fructification, en 1895, a été, sur certains points, aussi abondante qu'on la puisse imaginer. Les pratiques culturales, et en particulier une taille appropriée, faciliteront singulièrement ce résultat.

L'hybridation aura donc eu cette première conséquence heureuse de créer entre les nouveaux porte-greffes, appelés à régénérer le vignoble et les anciens cépages indigènes, des liens d'affinité que ne possèdent pas les espèces américaines dites pures, et d'assurer, par là, la longévité des plantations renouvelées. En outre, si la théorie de M. Couderc (1) est vraie, — et il n'a pas été démontré qu'elle fut fausse, — le V. Vinifera, loin de détruire la résistance de tous les hybrides où il entre, paraît, pour *quelques-uns*, l'augmenter, étant bien entendu que *la plus haute résistance*, qu'il s'agisse du phylloxera ou de la chlorose, *est dans les «Espèces» le privilège de quelques individus et non de l'espèce entière.*

Nous avons montré ci-dessus que rien n'est. en réalité, plus complexe que cette question phylloxérique. Plus on observve, plus on est porté à croire que le *climat* et le *terrain* y jouent une action plus considérable qu'on ne suppose généralement. Le phylloxera est plus *mauvais* dans certains *terrains* que dans d'autres. *C'est pour chaque terrain*, ainsi que le faisait remarquer avec raison M. Couderc, dans sa conférence de Chambéry, *qu'il faudrait faire une échelle de résistance* ; non pas qu'il y ait des cépages résistants dans un terrain (lequel les exulterait) et non dans les autres, sinon à titre purement exceptionnel ; mais les terrains défavorables (les calcaires par exemple) diminuent la résistance beaucoup plus pour *certains* cépages que pour d'autres, et *une foule de circonstances influent*. Le plus souvent, soit dans les terrains calcaires, soit dans les autres, la résistance des franco-américains est, et surtout devient, AVEC L'AGE, supérieure à celle des américains purs, j'entends les deux portant le même greffon. C'est en terrain non calcaire et favorable que le fait est frappant, et d'autant plus qu'on a sélectionné l'hybride, considéré en vue d'une qualité donnée, par exemple l'immunité phylloxérique, *dans le terrain même* où a eu lieu l'essai comparatif. «L'indemnité, écrivait M. Couderc en 1889, à propos du *Gamay-Couderc*, est-elle particulière au terrain où le pied-mère est né et où il a été remarqué à cause de cette indemnité même, ou existe-t-elle dans tous les terrains?» Le fait est toujours vrai, et *Gamay-Couderc* se maintient indemne ou à peu près dans l'enclos d'Aubenas — non seulement le pied-mère, mais tous les pieds plantés dans le même terrain — à

---

(1) M. Couderc.— Congrès viticole de Mâcon, 1887.

côté de Riparias phylloxérés, du Rupestris du Lot, qui le touche absolument, dévoré par l'insecte, etc. *Gamay-Couderc* a été remarqué dans ce terrain à cause de son immunité même, il y a 15 ans, et il a conservé ce caractère spécial pour lequel il avait été seletionné dans ce terrain.

603 (Bourrisquou ✕ Rupestris) offre un exemple encore plus remarquable. Dans la plaine de Villeneuve, près Aubenas, le terrain est argilo-siliceux-ferrugineux, avec sous-sol calcaire. Là où le sol est assez épais pour que l'influence du sous-sol y soit négligeable, *603* est *mathématiquement* indemne, intercalé à des «Herbemont d'Aurelles» qui, après avoir été d'une grande vigueur avant l'invasion phylloxérique, sont successivement morts, chargés d'une quantité incalculable de phylloxéras, et placé à côté des meilleures formes de «Riparias» très phylloxérées et de Rupestris-Martin qui, eux-mêmes, en portent pas mal. *603* est, DANS CE TERRAIN, un porte-greffe, toute autre qualité mise à part, très supérieur aux Riparias, parce qu'il y est d'une résistance au phylloxera bien plus élevée qu'on la puisse imaginer, puisqu'elle atteint jusqu'ici l'immunité complète. A quelque distance de là, où le calcaire affleure, il n'est pas difficile de trouver des nodosités sur *603*. Mais, là même, il est supérieur aux Riparias et aux Rupestris, attendu que ceux-ci refusent d'y venir.

Ce ne sont là, à vrai dire, que des considérations fort générales, des aperçus trop rapides peut-être, que de plus longues expériences devront préciser et consacrer.

C'est assez toutefois pour montrer quelle circonspection s'impose en des matières où tant d'inconnus restent encore à dégager, et aussi quel puissant intérêt s'attache à ces hybrides franco-américains, qu'on voudrait bannir de la reconstitution, où, dans les situations les plus variées et souvent les plus difficiles, ils peuvent rendre de si utiles services.

Nous croyons fermement, quant à nous, que les adversaires des hybrides se sont trop hâtés de prononcer leur condamnation. Avec Millardet et de Grasset, avec Couderc, avec Castel, avec Ganzin, nous attestons la confiance que ces nouveaux porte-greffes nous inspirent; et — sans méconnaître ni les imperfections ni les lacunes de notre travail — nous avons conscience d'avoir, avec les hybrides, défendu la cause de la viticulture.

TABLE DES MATIÈRES

Montpellier.— Impr. Serre et Roumégous, rue Vieille-Intendance.

www.ingramcontent.com/pod-product-compliance
Lightning Source LLC
Chambersburg PA
CBHW062006200326
41519CB00017B/4693